说 励志

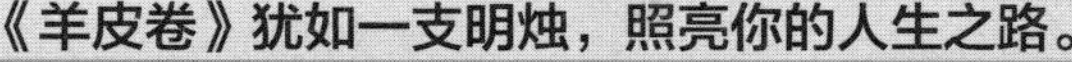

羊皮卷 大全集

【美】戴尔·卡耐基／著
乐山／编译

中华工商联合出版社

图书在版编目（CIP）数据

羊皮卷大全集 /（美）戴尔·卡耐基著；乐山编译.
--北京：中华工商联合出版社，2016.8（2021.7 重印）
ISBN 978-7-5158-1703-3

Ⅰ.①羊 Ⅱ.①戴 Ⅲ.①成功心理-通俗读物 Ⅳ.①B848.4-49

中国版本图书馆CIP数据核字（2016）第140691号

羊皮卷大全集

作　　者：[美] 戴尔·卡耐基
编　　译：乐　山
责任编辑：郑承运　李　瑛
封面设计：吕丽梅
责任审读：郭敬梅
责任印制：迈致红
出版发行：中华工商联合出版社有限责任公司
印　　刷：唐山富达印务有限公司
版　　次：2016年10月第1版
印　　次：2021 年 7 月第 6 次印刷
开　　本：710mm × 1020mm 1/16
字　　数：260千字
印　　张：16
书　　号：ISBN 978-7-5158-1703-3
定　　价：78.00 元

服务热线：010-58301130
销售热线：010-58302813
地址邮编：北京市西城区西环广场A座
19-20层，100044
http：//www.chgslcbs.cn
E-mail: cicap1202@sina.com（营销中心）
E-mail: gslzbs@sina.com（总编室）

卡耐基的成功之道

戴尔·卡耐基被誉为“美国现代成人教育之父”、“人际关系学鼻祖”，是美国著名的心理学家和人际关系学家，也是20世纪最伟大的成功学大师。

1881年，戴尔·卡耐基出生于美国密苏里州一个偏远的小村庄。年轻的时候，家境困窘，厄运不断，最后银行也逼上门来，要把卡耐基一家赶出家门，老卡耐基只好卖掉农场，迁到了密苏里州华伦斯堡州立师范学校，在附近购置了一个农场。卡耐基付不起在镇上居住的租金，因此每天都要回农场住，第二天早上骑马上学。在学校的600名学生中，卡耐基是当时五六个不住在镇上的学生之一。他穷得只能穿一件很窄很小的衣服，裤子也很短，这使他感到了羞耻，并产生了自卑心理。回家后，他要挤牛奶、伐木、喂猪，晚上则在油灯下学习拉丁文，直到困得睁不开眼为止。

在12岁之前，卡耐基从来都没有见过电车。可是现在，他的足迹遍及全世界。这个乡下小男孩曾帮别人摘草莓、割野草，每个小时才挣5美分；然而，几年之后，他为那些大公司的高级职员进行培训，每分钟的报酬却高达1美元。他以前曾替人放牛，但他后来来到伦敦，在威尔士亲王面前显示了他的语言才华。

1904年，卡耐基高中毕业后就读于密苏里州华伦斯堡州立师范学院。他发现，学院中的辩论会及演讲比赛非常吸引人，优胜者的名字不但广为人知，而且还被视为学院的英雄人物。这是一个成名和成功的最好机会。

但他没有演讲的天赋，参加了12次演讲比赛，屡战屡败。

1906年，戴尔·卡耐基一篇以《童年的记忆》为题的演说，获得了勒伯第青年演说家奖。这次成功，对他的一生产生了非同小可的影响。

1908年，他成了全院的风云人物，在各种场合的演讲比赛中大出风头，全院的师生对他刮目相看，但他并不满足于此，他开始走出学院去扩大自己演讲的影响力了。

1912年，卡耐基在纽约开办了他的第一期公共演讲课。从那时起，卡耐基教程——一项伟大的事业诞生了。这项事业的意义不仅使卡耐基享誉全球，而且为他带来了丰厚的收益；它的伟大之处在于，它指导甚至拯救了数以千万计的听众和读者的人生。没有明确的数字可以统计出，究竟有多少人是卡耐基教程的受益者。

当经济不景气、不平等和战争正在磨灭人类追求美好生活的心灵时，卡耐基的思想，就成了人们走出迷茫和困顿的最有力的支撑。即使在现代社会，卡耐基对人性的洞见，仍然指导着千百万人改变思想，完善行为，从而走上成功之路。

卡耐基这个从小村庄里走出来的年轻人，最后成为“美国成人教育之父”，一路走过来的经历很值得我们学习、思考。

实用性和指导性以及对社会各类人群和各个时代的适应性，是卡耐基思想的重要特点。当时代的战车匆匆驶入21世纪，卡耐基的思想和见解并没有被时代所抛弃，相反，在今天这个竞争激烈的社会，他的思想更加深刻和实用，对于年轻人更具有指导意义。

本书浓缩了卡耐基成功哲学中的思想精华，帮助读者解决生活中面临的最大问题：如何在日常生活、商务活动与社会交往中与人打交道，并有效地影响他人；如何在演讲场合表现得更加突出，准确地表达自己的观点和思想，从而赢得听众的尊重。这些问题的解决，必将帮助21世纪的人们获得更美好的人生，帮助人们到达成功的巅峰。

世界上最伟大的成功学家在这里与你娓娓而谈，成功会因为你打开本书而成为现实！你若不能做条大路，那就做条小径；你若不能做太阳，就做一颗星星。不要以成就大小来衡量你的成败，但要做，就要做最好的你！

成功其实很简单，只要你遵循卡耐基这些简单实用的人际准则和成功技巧，你就能获得成功。

C O N T E N T S 目录

目 录 CONTENTS

CONTENTS 目录

目录 CONTENTS

C O N T E N T S 目录

上卷

在卡耐基指导下做人做事

第一章

会做事不如会待人，与人相处有技巧

学会与别人相处

从1912年开始，我就在纽约举办教育讲座。我最初只开了关于演讲的讲座，这种讲座主要是用实际经验来训练成年人，使他们在商业洽谈及公共场合中敢于表达自我，沉着自若，以便更清楚、更有效、更镇定地发表他们的意见。经过一段时间的培训之后，我逐渐发现这些人虽然需要那种提高他们演讲效果的训练，但是他们更需要在日常事务和交往中加强与人相处的训练。

我也逐渐发现我自己也非常需要这种训练，当我现在回忆起那时的情形时，就会对自己贫乏的知识感到惶恐和不安。

如果你是位商人，那么你所面临的最大困难将是如何与人打交道。不过，即使你是一位会计，或一位家庭主妇、建筑师或工程师，同样也是如此。几年前由卡耐基基金会赞助的一项调查研究，显示了一个最为重要的事实——即使在工程技术工作方面，一个人所获得的高额薪水中，大概只有15%是因为他的技术知识，而其他的85%则是因为他的为人处世，也就是他的个人品质和才能的发挥。

我每个季度在费城的工程师俱乐部开设讲座，同时还在美国的电机工程学会纽约分会开设讲座，大约超过1500人听过我的讲座。经过多年的观察，我发现到我这里来的工程师薪水最高的并不是那些工程学知识最丰富的人。我们可以每周花费25美元到50美元的薪水雇用工程、会计、建筑和其他专业方面的技术人才，在社会上这种人才多的是；但是除了有技术知识之外，又善于表达自己内心思想，同时又具备领导才能和激发他人才能的能力的人，他们的收入必然会高于其他人。

美国的“石油大王”洛克菲勒在他的事业达到巅峰的时候，曾这样对布鲁什说：“与他人打交道的能力也是一种可以购买的商品，这正如同糖和咖啡一样。我愿意付出比世界上任何东西都要高的代价来购买这种能力。”

我曾准备了一篇简短的演讲稿，题目就叫《如何与他人交朋友以及影响他人》。之所以说这篇演讲稿很短，因为它最初确实是很短，不过现在已经扩充成一篇一个半小时的演讲稿。我多年以来每个季度都在纽约的卡耐基研究所做这篇演讲。

我为我的学员演讲，鼓励他们在工作、社会交往中广泛体验，然后回到班上讲述他们的经验和成果。这是一项多么有趣的工作啊！这些人完全被我这种新型的演讲方法迷住了，这也是有史以来为成年人创设的最早的、也是唯一的人际关系课程。

这本书吸收了成百上千人的经验及智慧。最初，我只是把这些规则写在和明信片差不多大小的卡片上；在下一个学期，我又将它们印在较大的卡片上；然后是印在一本小册子中；再往后，就成了一小套书。它的篇幅和内容在不停地扩充，在经过15年的实验和研究之后，终于形成了现在这本书。这本书中所说的不仅仅是理论，它的神奇功效听起来似乎让人难以相信，但是我确确实实看见书中内容让许多人改变了他们原先的生活，走上了成功之路。

例如，上个学期有一个学员，他是一位老板，他手下有314个员工，长期以来，他总是用各种批评和责难的口气数落这些员工，对他们从来没有赞扬和鼓励。当他学习了这本书中所提到的各项规则以后，他的人生观有了很大的改变。现在，他的公司的员工都具有精诚合作的态度，每个员工似乎都变成了他的朋友。他在一次班级演讲中得意地说道："以前我在我的公司中走动的时候，没有人跟我打招呼。我的员工看到我走近时，会立即转过脸去。但现在他们都成了我的好朋友，甚至连看门的值班员都直接叫我的名字。"

这位老板现在获得了更多的利润，也有了更多的闲暇时间，而且更加重要的是，他在工作和家庭中得到了更多的幸福。

还有许多推销员因为接受了这种训练迅速提升了他们的销售额。例如，有许多人找到了新的客户，而这些客户他们在以前是根本找不到的。那些公司高级职员也通过这种训练得到了提升，获得了更多的薪水。例如，有一位高级职员在班上的演讲中说道，他的年薪增加了5000美元，主要是因为他接受了这种训练。还有费城煤气公司的一位高级职员，他因为喜欢和别人争风吃醋，又加上领导无方，已经被公司决定做降职处理，但是在接受这种训练之后，65岁的他不仅没有被降职，而且还晋升了职务，增加了薪水。

还有许多次，那些参加毕业聚会的夫人们对我说，自从她们的丈夫接受了这种训练之后，她们的家庭变得更加和谐快乐了。

尤其是那些男士们，他们常常对自己在工作上所获得的新成就感到惊异，认为这一切就像是魔术一般不可思议！有时他们甚至会在激动万分的时候打电话到我家来，迫不及待地告诉我他们所取得的新成就。

例如，有一名学员在和他的同学进行了热烈而又漫长的谈话之后，发现了自己的错误，内心感到非常不安。但更重要的是，经过这次谈话，他发现自己面前有美好的前程，这使得他好几天都无法入睡。这个人是谁呢？难道他是一个没有经过什么训练、遇到任何新的东西就会兴奋难耐的人吗？当然不是，他是一个拥有高学历的、历尽沧桑的商人，他的社会交往很广泛，可以流利地说3种外语，还获得了两所外国大学的学位。

还有一位学员，他是纽约人，哈佛大学毕业，在社交界名气很大，而且非常富有，拥有一个地毯公司。他说他在14个星期中通过这种方法学到的关于影响他人的艺术，比在大学4年中所学到的还要多。

哈佛大学著名教授汤姆森曾这样说道："和我们所应该取得的成就相比，我们不过是半醒着。现在我们只利用了我们身心资源的一小部分。从广义上来说，人类生活在自身潜能远远没有开发的狭小天地中。人类具有各种潜力，但却不曾开发和利用。"

开发你所拥有的"但却不曾利用的"潜能！这正是本书唯一的目的——帮助你发现、拓展、利用自身潜在的却又未曾利用的资源。

普林斯顿大学前任校长希尔本博士也说道："教育，只有教育才是应对生活中各种问题的有效手段。"

如果你读了这本书之后，还感到难以应对生活中的各种情况，那么我认为这本书至少对你来说是完全失效的，因为"教育的伟大目的，不是知识，而是行动"。

谈论他人感兴趣的话题

每年夏天，我都要去缅因州钓鱼。我自己很喜欢吃草莓和奶油，但是我发现鱼儿却喜欢吃小虫子。所以我每次去钓鱼时，不会想我所喜欢吃的东西，而是琢磨这些鱼儿所喜欢的美味佳肴。我不会在鱼钩上挂上草莓和奶油作诱饵，而是穿上一条虫子或一只蚱蜢，垂到鱼儿面前，问：“你想吃这个吗？”

当你“钓”人的时候，为什么不试试同样的原理呢？

为什么我们总是对自己的需要大加谈论呢？这可是孩子般的荒谬做法。当然，你关心的是自己的需要，你对自己所需要的东西永远都会感兴趣，但别人对你所需要的并不感兴趣。别人都像你一样，只会对自己的需要感兴趣。

所以，世界上能够影响他人的唯一的方法，就是谈论他人的需要，并告诉他人如何去获得它。

有一天，爱默生和他的儿子想将一头小牛赶进牛棚，但他们犯了一个常识性的错误：他们只想达到他们自己的目的。爱默生在后面推小牛，他的儿子则在前面拉小牛。但正如他们自己一样，这头小牛却牢牢站定，顽固地不肯离开原来的地方。一位爱尔兰女仆看到了这个僵持的场面。尽管她不会写什么东西，但她至少比爱默生更了解马和牛的性情，她知道小牛想要什么，于是她把她的拇指伸进小牛的口中，一边让小牛吮吸她的手指，一边将它轻轻地引进牛棚。

罗斯福总统就是这样一个人，他知道别人的需要，并且会在与人相处时谈论他人感兴趣的话题，从而深受人们的喜爱。每一个前往拜访罗斯福总统的人，都会对他那渊博的知识感到惊讶。“不论是牧童还是骑士，或是纽约的政客和外交家，”研究罗斯福的权威作家伯莱特福写道，“罗斯福都知道该和他说些什么。”那么，罗斯福又是如何做到的呢？答案很简单——不论罗斯福要见什么人，他总是会在来访者到来的前一个晚上，了解一些来访者会特别感兴趣的知识。因为罗斯福和所有领袖人物一样，深知通达对方内心思想的妙方，就是和对方谈论他最感兴趣的事情。

在耶鲁大学担任教授的菲利普先生，是个非常和蔼的人。他在早年就认识到了这个道理。“在我8岁那年，有一次去姑姑林斯莉家中过周末，”菲利普在他一篇谈论人性的小品文中这样写道，“有一个晚上，一位中年人来到姑姑家。在和姑姑随便聊了几句之后，他就把他的注意力转移到了我身上。当时我对船的兴趣正浓，而这位来访的客人和我谈论了这方面的知识，令我产生了特殊的兴趣。他离开之后，我还对他赞赏不已。他是纽约的一位律师，本来他对有关船的事情是不应该如此热心的，甚至应该是毫无兴趣可言的。”“可是，他为什么自始至终都在与我谈论有关船的问题呢？”菲利普问姑姑。姑姑说：“因为他是一位高尚的人。他见你对船很感兴趣，就谈论他认为能吸引你注意并高兴的话题。通过这种方法，他使自己成了一个受欢迎的人。”最后，菲利普教授又补充说：“我永远也忘不了姑姑对我说的这番话。”就在我写作这部分章节的此时此刻，我的面前放着一封查立夫先生的来信，他是个热心于“童子军”事业的人。“有一天，我感到我需要别人的帮助。”查立夫先生在信中写道，“欧洲将举办‘童子军’夏令营活动。我想邀请美国某家大公司的经理出钱，赞助我和一位‘童子军’的旅行费用。幸运的是，在我去拜访这位大公司的经理之前，我听说他曾开出了一张100万美元的支票。这可是100万美元的支票，要知道！于是，我见到他之后告诉他，我这一辈子从来都没有听说有人开过数额如此巨大的支票；我还要告诉我的‘童子军’，说我的确看到过一张100万美元的支票。这位经理非常愉快地把那张支票递给我看了看。我一直赞叹不已，并请他把开这张支票的详细情况告诉我。”

请注意，查立夫先生在刚开始时，并没有和对方谈有关“童子军”或欧洲夏令营的事，也没有谈他想要对方帮助的事。他只是谈对方所感兴趣的话题，让对方愿意和他交谈。于是就出现了查立夫先生下面所说的情况：“过了一会儿，我所拜访的那位经理问我来找他有什么事，我就把我的事情告诉了他。令我吃惊的是，他不但立即答应了我的请求，还十分大方地给了我更多的资助。我本来只请他出资赞助一名‘童子军’去欧洲的，可是他慷慨地资助了5名‘童子军’和我本人，给我开了一张1000美元的支票，并建议我们在欧洲玩上7个星期。然后，他又给我写了封介绍信，把我引荐给他在欧洲分公司的经理。当我们抵达欧洲时，他又亲自去巴黎接我们，带领我们游览了这座美丽的城市。从此以后，他就对我们‘童子军’事业非常热心。”

查立夫先生又说：“但是我也很清楚，如果我当时没有找到他感兴趣的话题，让他高兴起来，那么这件事不仅不会办得这么容易，我想大概连1/10的机会都没有。”

这种方法在商业活动中是不是也有价值呢？我们就举个例子，来看看纽约一家高级面包公司——杜弗诺公司的经理杜弗诺先生是怎样做的吧。杜弗诺先生一直想把自己的面包推销给纽约某家大饭店。连续4年，杜弗诺先生几乎每个星期都要去拜访这家饭店的经理，并且经常参加由这位经理举办的各种社交聚会。为了促成这笔生意，杜弗诺先生甚至在这家饭店租了一个房间住在那里，希望能做成这笔业务。但是，尽管杜弗诺先生用尽了各种方法，还是没能让这位经理的大笔在合同书上签字。“后来，”杜弗诺先生说，“我研究了有关人际交往的知识，决定改变策略。我决定要找到这个人的兴趣所在，寻找他最关心、最热衷的事业。我发现他是美国饭店业协会的会员。不仅如此，由于他对这项事业抱有浓厚的兴趣和热情，使他被推举为这个组织的主席。每次只要开会或举行什么活动，他不管有多忙，都会毫不犹豫地赶来参加。于是，当我再去拜访他的时候，我开始和他谈论有关饭店行业协会的事情。你猜结果怎么样？我得到的反应之良好，简直令人吃惊！他花了半小时和我谈论饭店行业协会的事情，整个谈话过程中，他都精神饱满，充满着热情，而且声音也非常洪亮。我由此看出他感兴趣的正是饭店行业协会的事情，可以说他将自己的全部精力都投入在这上面了。就在我离开他的办公室之前，他劝说我加入这个协会。在整个会谈中，我没有对他提有关面包的半个字。可是没过几天，我就接到他的饭店主管人员打来的电话，让我把面包的货样和报价单送过去。‘我真不知道你对这老先生用了什么魔法，’这位主管人员在电话中对我说，‘他可是真的被你打动了！’回想一下，我和这位经理打了4年交道，一心想把面包卖给他，可是一直没有成功。如果不是我设法找到了他所感兴趣的事，了解到他愿意讨论的话题，恐怕我现在还在和他死磨硬泡，却一无所获！”

所以，如果你希望别人喜欢你，就去了解对方的兴趣，就对方感兴趣的话题开展交谈或许是一种很不错的方法。

不要直接批评他人

约翰·华纳梅克曾经说过："我在30年前就已经明白，批评别人是十分愚蠢的行为。我并不埋怨命运对智慧的分配不均，因为要克服自己的缺陷都已经非常困难了。"

华纳梅克早就领悟到了这一点，但是我在这个冷漠的世界中探索了30多年，才有所醒悟：一个人不论做错了什么事，100次中有99次不会自责，而且不论他的错误有多么严重。

研究显示，我们采取批评的方法并不能使别人产生永久性的改变，相反只会引起忌恨。另一位伟大的心理学家席勒也说道："我们总是希望得到别人的赞扬，同样我们也非常害怕别人的指责。"

批评毫无作用，它只能使人采取守势，并常常为自己的错误竭尽全力进行辩护。

批评是危险的，因为它常常伤害一个人宝贵的自尊，并激起反抗。批评所引起的忌恨，只会降低员工、家人以及朋友的士气和情感，同时你所指责的事情也不会有任何改善。批评对于事情并没有任何改善的作用，这种例子在历史上司空见惯。

1865年4月15日，星期六早晨，林肯奄奄一息地躺在福特戏院对面一家简陋公寓的卧室中，他在戏院遭到了枪袭。林肯那瘦长的身体斜躺在一张短小的床上。在床的上方挂的是波纳恩的名画《马市》的廉价复制品，一盏煤气灯散发出惨淡的黄晕光圈。

就在林肯即将咽气时，陆军部长史丹顿说：“这里躺着的，是人类有史以来最完美的元首。”

林肯为人处世的成功秘诀是什么呢？我曾花了10年时间研究林肯的一生，并用了整整3年时间，写作和修改了一本名叫《人性的光辉——世人所未知的林肯》的书。我相信我已尽了世间的一切可能，对林肯的性格及家庭生活做了详细、透彻的研究。而对于林肯的为人处世之道，我更是做了特殊研究。他是否喜欢动不动就批评别人？嗯，确实是这样。在他年轻的时候住在印第安纳州时，他不仅喜欢指责别人，还写信作诗来挖苦别人。他经常把这些信扔在一定会被人发现的路上。其中有一封信竟致使对方终生都痛恨他。

即使林肯在伊利诺伊州的斯普林菲尔德城当上律师之后，他还坚持在报纸上发表文章，公开攻击他的对手。不过这给他也带来了不少麻烦。

1842年秋天，林肯在《斯普林菲尔德时报》发表了一封匿名信，讥讽一位自高自大的爱尔兰人詹姆斯·谢尔兹。这封信令所有读过的人都捧腹大笑。谢尔兹是个十分敏感而又自负的人，他得知后恼怒万分。他一查出是谁写的这封信之后，就立即跳上马去找林肯，提出要和他决斗。林肯本来不想打架，便反对决斗。但为了保全面子，他只好接受决斗的要求。对手让他随便选择武器，由于林肯双臂较长，他就选择了骑兵用的长剑，并向西点军校一位毕业生学习剑术。决斗那天，他和谢尔兹在密西西比河的一个沙滩上对峙，准备决战至死。但就在决斗即将开始的最后一分钟，他们的同伴阻止了这场“战争”。

这是林肯人生当中最为难堪的一件事。这使得他在为人处世方面上了宝贵的一课。从此以后，他再也没有写过任何侮辱他人的信，也不再讥笑或批评他人。

在美国内战的时候，林肯屡屡委派新的将领统帅北方军队作战，但他们——麦克里兰、波普、伯恩基、胡格、格兰特——全都相继惨败。这使得林肯异常愁闷，失望地来回走动。全国有一半的人都在痛骂这些不中用的将军们，但林肯却始终一声不吭，不做任何表态。他最喜欢引用的一句格言是“不要议论别人，别人才不会议论你”。

当林肯的夫人和其他人都在非议南方政权时，林肯回答道：“不要批评他们。如果我处在与他们同样的情况下，也会跟他们一样的。”可是如果说谁有资格批评的话，这个人肯定是林肯了。罗斯福总统曾说，在他当总统时，只要碰到难以解决的问题，他总是往后一靠，抬头仰望白宫办公室墙上挂着的林肯巨幅画像，问他自己：“如果林肯处在我现在的困境中，他会怎么办？他将怎么解决这个问题？”

你是否想劝你所认识的人改掉一些不好的习惯？这可真是太好了，我非常赞同。但是你为什么不先从自己开始呢？从纯粹自私的角度而言，这会比改进别人要收益更大——而且，毫无疑问，所冒的风险也会小许多。

“当一个人具有了先从自己开始，战胜自我的精神的时候，”勃朗宁说，“他就是一个不同凡响的人。”要改掉你所有的缺点，也许从今天开始，直到圣诞节才能完成。如果是这样，那你不妨在假期好好休息一下，新年开始之后再去劝别人或批评别人，那时也不算太晚。

但是，首先要使你自己变得尽可能完美。

在与人相处时，一定要切记：与我们交往的不是纯粹按道理或逻辑生活的人，而是充满了感情的，带有偏见、傲慢和虚荣的人。

批评是根危险的导火线——一种足以使人的自尊爆炸的导火线，这种爆炸有时会导致毁灭。例如，当胡德尔大将受到别人的批评，又没有被批准率领军队去法国，这对他的自尊心打击极大，几乎断送了他的性命。

刻薄的批评，曾使得英国大文学家汤姆斯·哈代永远放弃了小说创作，批评还曾令英国诗人汤姆斯·卡德登愤而自杀。

本杰明·富兰克林青年时期并不是很聪明伶俐，但后来却变得非常精明能干，结果被委任为美国驻法大使。他成功的秘诀就是“我不愿意说任何人的坏话”。他说：“我只说我所认识的每一个人的一切优点。”

因此，我们不要去责怪别人，要试着去了解他们，弄明白他们为什么会那么做。这会比批评更为有益，而且这样还能培养同情、容忍以及仁慈的美德。“了解了一切，就会宽恕一切！”

激发别人高尚的动机

事实上，你所遇见的每一个人——甚至你在镜子里所见的那个人——都会过高地估计自己，并认为自己是善良而不自私的人。

摩根在他的一篇短文中分析说："一个人做任何事，通常有两种理由：一种是动听的，另一种是真实的。"

每个人都会想到那个真实的理由，因此你不必过分强调它。而我们每个人骨子里又大都是理想主义者，总喜欢听到那个说来动听的动机。所以，要改变人们，就需要激起他们"高尚的动机"。

要在商业中实践这一点，是否太理想化了？我们就先以宾夕法尼亚州格利欧顿的法莱尔·密歇尔公司的汉密尔顿·法莱尔先生经历的一件事作例子来说。法莱尔先生有一位不满意的房客威胁要退房迁居。但这位房客的租约还有4个月才到期，每月租金是55美元，而他却通知法莱尔，说他马上就要迁出，不再履行契约。

"这些人已在我的屋子里住了整整一个冬季了——这是一年中房租最高的时期。"法莱尔先生在班上讲述这段经过的时候说，"而且我知道，要在秋季以前再将这些公寓租出去是很难的。眼看着就要到手的220美元将泡汤了——我真着急了。

"现在，要照从前的情况，我会跑到那位房客那儿，劝告他把那份契约再读一遍。我可以向他指出，如果他搬走，应付清契约规定的余款——并且我立刻就要收款。

“可是，那样做只会将事情弄得更僵。我决定试试别的方法。于是我这样对他说：‘先生，我已经知道了你的计划，但我还是不愿相信你真的要搬走。从事多年的房屋租赁生意，使我学到了不少观人料事的经验，我从一开始就看出你是一个有信用的人，对此，我确信不疑，我情愿和你打赌。

“现在，我提议这样。你不妨将你的决定暂且放在桌上搁置几天，再好好想一想。如果你在下个月的1号房租到期之前，到我这里来告诉我，你仍想搬走，那我答应你，我愿意接受你的决定，我将给你迁居的权利，并承认我的判断有错误。但我仍相信你是一个讲信用的人，一定会住到合同期满为止。

“好了！当下月来到时，这位先生亲自来我这里支付房租。他说他已经和他的妻子商量过，决定继续住下去。还说他们已经得出的结论是——唯一光荣的事，即履行契约。”

当已故的诺斯克立夫爵士发现一家报纸刊登了他所不愿意公开的照片时，便给这个编辑写了一封信。他说过“请不要再刊登我那张照片，因为我不喜欢它”吗？没有，他找到了一种更高尚的动机——一种我们每个人对于母亲的敬爱的心理。他写道：“请不要再刊登我那张照片，我母亲不喜欢它。”

当小约翰·洛克菲勒想阻止那些摄影记者为他的孩子拍照时，他也同样找到了一种更高尚的动机。他没有说：“我不希望将他们的照片刊登出来。”不，他是出于深藏在我们心中的爱护儿童的欲望。他说：“诸位，你们都明白，你们之中有些人也有孩子。而你们也知道，小孩子太出风头并没有什么好处。”

当来自缅因州的穷小子希鲁斯·克蒂斯开始为他的光辉事业而奋

斗，并成为百万富翁，拥有《星期六晚报》与《妇女家庭杂志》的时候，他既付不出其他杂志那么高的稿酬，也无法请那些一流作家来为他的杂志写稿子，所以他就设法激发他们更高尚的动机。例如，他甚至说动了《小妇人》的作者奥尔科特女士为他撰稿，当时她声望正如日中天。他的方法很奇特，是送一张100美元的支票，但不是给她，而是给她最热心的一项慈善事业。

说到这里，有人会怀疑说："啊！这套把戏对于诺斯克立夫及洛克菲勒，或对富于情感的小说家也许行得通。但是，它能在那些我不得不向其讨账的不可理喻的家伙身上发生效力吗？"

或许你是对的。没有什么东西能在任何情况下都有效——也没有什么东西能对任何人都有作用。如果你对自己的现状很满意，自然不需要改变什么；但如果你不满意，又何不去试一试呢？

所以，和人相处如果想愉悦，一般来说，激发人们高尚的动机是一种好办法。

第二章

让别人更喜欢你

真诚地关心他人

如果一个人真的肯关心别人，那么他在两个月内所交到的朋友，要比一个总想使别人关心他的人，在两年内所交的朋友还要多。让我再重复一遍：你如果关心别人，在两个月内所交上的朋友，就会比一个需要别人关心自己的人，在两年之内所交的朋友还要多。

但是你和我都知道，有的人就是一辈子都难以醒悟过来，总是想让别人对他们表示关心。

当然，这种方法是行不通的。因为别人并不在意你，他们对我也不关心。他们只关心自己——无论是在早晨、中午，还是晚饭之后。

纽约电话公司曾对电话中的谈话内容做过详细研究，以了解哪些字在电话中是最常用的。我想你已经猜到了，那就是“我”、“我”、“我”。在500次电话交谈中，这个词曾被用过3990次。

当你看一张你也在其中的团体照片时，你会先看谁呢?

假如我们只想让别人注意自己，让别人对我们感兴趣，我们就永远也不会有许多真挚而诚恳的朋友。朋友，真正的朋友，不是用那种方法交来的。

维也纳已故著名心理学家阿德勒写过一本书叫《生活的意义》。在那本书中，他说：“对别人漠不关心的人，他的一生困难最多，对别人的损害也最大。所有人类的失败，都是由这些人造成的。”

也许你读过几十卷关于心理学方面的书，但是恐怕再也找不到比这句话对你和我更重要的了。

我曾在纽约大学选修一门关于短篇小说写作的课。在这个班上，《科莱尔》杂志的一位编辑为我们上课。他说当他每天拿起他桌子上送来的几十篇小说的任何一篇，只需要读完几段，就能感觉出作者是否喜欢别人。“如果作者不喜欢别人，”他说，“那么，别人也不会喜欢他的小说。”

这位阅历很深的编辑在他的讲课中曾停下来两次，为他所讲的那些大道理道歉。“现在我告诉你们的，”他说，“和其他学者告诉你们的一样，是完全相同的东西。但是，请记住，如果你要做一个成功的小说家，你必须关心别人。”

如果写小说是那样的话，那么在待人接物、为人处世方面，显然就更应该如此了。

西奥多·罗斯福总统受到人们异常的爱戴，即使他的仆人也非常敬爱他。他的男仆詹姆士·爱默森曾写过一本关于他的书，名叫《西奥多·罗斯福——他仆人的英雄》。在那本书中，爱默森提到了一件很具有启发性的事：

“有一次我妻子向总统询问有关鹑鸟的事，因为她从来没有见过这种鸟。他给她做了详细描述。过了没多久，我屋里的电话响了(爱默森和他妻子住在牡蛎湾罗斯福住宅的一间小屋里)。我妻子去接电话，打电话的碰巧是罗斯福先生本人。他说他打来电话，就是要告诉她，在她的窗外正好有一只鹑鸟，如果她向窗外面看的话，也许可以看见它。像这样的许许多多的小事情，正是他待人热情的特点。无论他什么时候经过我们房屋时，虽然他看不见我们，但我们总是能听见他‘哦，哦，哦……安妮！’或‘哦，哦，哦……詹姆森！’的招呼声。那正是他经过我们房屋时对我们的一种友善的问候。”

作为仆人，怎么会不喜欢这样的主人呢？谁会不喜欢他呢？

有一天，罗斯福去白宫拜访塔夫脱总统，恰好塔夫脱总统和夫人出去了。他那真诚而善良的品性这时得到了鲜明的表现：他向白宫所有原来当差的伙伴们，甚至做杂务的女仆，都直呼其姓名，和他们打招呼问好。

“当他看见厨房的女仆艾利斯时，”亚奇巴特这样记载道，“他问她是否还在做玉米面包。艾利斯告诉他说她有时候做给仆人们吃，但楼上已经不再有人吃了。”

“他们没口福，”罗斯福大声说道，“等我见到总统时，我会告诉他的。”

艾利斯拿了一块玉米面包放在一只托盘上，递给了他，他边走边吃，一直来到办公室。当走过那些园丁或工役的面前时，便向他们问好……

他对待每个人，正如他从前所习惯的那样。人们仍彼此低声谈论这事。而一位名叫艾克胡福的人则眼含热泪说：“这是我们最近两年中，唯一真正快乐的日子。我们谁都不会将它与一张100美元的钞票交换。”

我从个人的经验中也已经发现，一个人凭着对他人的真诚关心，能够获得即使是最忙的人的注意，占用他们的时间，并得到他们的合作。就让我举例来说明吧。

许多年前，我在布鲁克林文理学院开设小说创作课。我们打算邀请一些知名而且十分忙碌的作家，如凯瑟琳·诺里斯、凡尼·赫斯德、伊达·塔贝尔、亚伯·德恩、卢伯·休斯以及其他作家，到布鲁克林来为我们讲授他们的写作经验。我们给他们写信，述说了我们对他们作品的羡慕，并深切地希望能获得他们的指导，向他们学习成功的秘诀。

每封信都由大约150名学员签名。我们说我们知道他们很忙——忙得没有时间准备演讲稿。所以我们在信里面附上了一份问卷，好让他们介绍他们自己及他们的工作方法。他们喜欢我们那样做，我们做得如此周到，谁会不喜欢呢？所以他们都特意从家里赶到布鲁克林，来给我们提供帮助。

用相同的方法，我曾邀请到了西奥多·罗斯福总统任期内的财政部长李斯力·肖，塔夫脱总统任期内的司法部长乔治·威格尔沙、威廉·拜伦、富兰克林·罗斯福，以及其他许多名人来给我班上的学员做演讲。

我们所有的人——无论是屠夫、糕点师，或是宝座上的君王，任何人都会喜欢那些尊敬我们的人。如果我们想要交朋友的话，我们就应该去为别人效劳——去做那些需要花时间、精力、诚心和思考的事。当温莎公爵爱德华还是英国王储的时候，他就计划周游南美。他在出发以前，花了好几个月的时间研究和学习西班牙语言，这样他才能够用当地语言进行演讲。南美人也因此而喜欢他。

许多年以来，我一直都在打听我那些朋友的生日。怎样才能做到这点呢？例如，如果他说11月24日，我就会反复地说："11月24日，11月24日。"等他转过身时，我会立即记下他的姓名和生日，然以再誊到我那本生辰簿上。在每年年初，我会将这些生日写在我的案头日历上，到时它就会引起我的注意。当到了某个人生日那天，收到我发给他的信或电报时，他们将会是多么得兴奋啊！我恐怕是这个世界上唯一记住他的生日的人。

如果我们想要交朋友的话，就要用热情和生机去应对别人。古罗马一位著名的诗人西拉斯就曾说过："我们对别人产生兴趣的时候，恰好是别人对我们产生兴趣的时候。”

要对他人表示你的关心，这与其他人际关系是同样的道理；而且你这种关心必须是出自真诚的。这不仅使得付出关心的人会得到相应的回报，而得到这种关心的人也会同样有所收获。这是一条双向大道，走在这条道路上的人都会受益。

所以，如果你要使别人喜欢你，或者培养真正的友情，或是既帮助别人又帮助自己，那么就要真诚地关心别人。

发自内心地微笑

我最近在纽约参加了一个宴会。其中有一位客人——她是一位曾获得大笔遗产的女士，由于想给每个人留下良好印象，就不惜花费大量金钱，买了名贵的貂皮、钻石、珍珠。但是，她的脸上却充满了尖酸刻薄以及自私。她并不明白男人们心中所想的——那就是一个女人脸上的神色，要远远比她身上所穿的衣服重要得多。

施科勃告诉我，说他的微笑能值100万美元。他大概是在向我暗示这一真理，因为施科勃的性格、他的魅力、他那令人欢喜的能力，几乎正是他特有的成功的全部原因。而他的个性中最可爱的因素之一，就是他那能够打动一切人的微笑。

有一天下午，我和莫里斯·雪弗莱待在一起。但是说实话，我并没有什么收获——他一直保持缄默，这和我所期望的完全不同。幸运的是他终于有了微笑，他的这种微笑犹如太阳穿透了乌云。如果不是因为他的微笑，可能雪弗莱还在巴黎，和他的父亲及兄长那样，继续做一个木匠。

行动胜于言论。做一个微笑者，微笑会让人明白："我喜欢你，你使我快乐，我很高兴见到你。"

这就是狗为什么那么讨人喜欢的原因。它们是那么高兴见到我们，以至于迫切到心都几乎要从胸腔里跳出来似的。所以，我们当然也愿意看见它们。

我们所讲的是诚意的笑，它能让人们喜欢你。而不诚意的笑是骗不了人的。我们知道那种笑是机械的，人们厌恶它。我们是在讲一种真正的微笑、热心的微笑、发自内心的微笑，那种在人际交往中极具价值的微笑。

纽约一家大百货商店的人事部经理告诉我，他情愿雇用一个脸上常带着可爱的微笑的、小学未毕业的女职员，也不愿雇用一位面孔冷淡的哲学博士。

美国一家大橡胶公司的董事长告诉我说，根据他的观察，一个人无论做什么事，除非他对此很感兴趣，否则将很难成功。这位实业界的领袖对“十年寒窗可以成就功名”那句老话并不太相信。“我所认识的一些人，”他说，“他们起初成功了，是因为他们对他们的事业极其感兴趣。后来，我看见那些人开始变成工作的奴隶，工作对他们而言变得异常无聊，他们失掉了所有工作中的乐趣，于是他们最后失败了。”

如果你希望别人看到你的时候很愉快，那么你一定要记住：当你看见别人时，你也一定要心情愉悦。

我曾建议成千上万的商界人士，花上一个星期的时间，每天的每小时都要对人微笑，然后再回到我的班上来谈他们的结果。事实上效果怎样呢？就让我们来看看……

这是纽约证券交易所会员威廉·史丹哈德的一封信。他的情况并不是个别现象。事实上，它只是好几百人中的代表。

“我已经结婚18年多了，”史丹哈德写道，“在此期间，我从起床到准备好出门上班，我都难得对我的妻子微笑，或说上一两句话。我是那些在百老汇匆匆行走的人当中脾气最坏的。

“因为你建议我们去体验微笑，并要求我们就此进行演讲，于是我就想试一个星期看看。所以，第二天早上，当我梳头的时候，我就看着镜中那副阴沉的面孔，对自己说：‘比尔，你今天必须把你的愁容从脸上扫除，你要微笑。你现在就应该开始。’我坐下吃早餐的时候，我对妻子说：‘亲爱的，早上好！’我说的时候，脸上带着微笑。

“你曾提醒过我，她可能会感到惊讶。可是，你低估了她的反应强度。她不仅是迷惑不已，甚至被惊呆了。我告诉她，她将来可以每天都看到这种愉快的表情。从此以后，我每天早上都是这样，至今已有两个月了。

“由于我改变了态度，使得我们家在这两个月中所得到的快乐，比过去两年中所有的快乐还多。

“现在，当我去办公室的时候，我会对大楼开电梯的人说：‘早上好！’并且对他微笑。我还和看门人微笑着打招呼。我在地铁售票处兑换零钱的时候，也会以微笑和服务员打招呼。当我站在交易所大厅的时候，也会对那些以前从未见我微笑过的人微笑。

“不久，我就发现每个人都对我回之以微笑。对于那些爱发牢骚的人，我也不恼怒，而是和颜悦色地待他。当我听他们抱怨的时候，我会保持微笑，这就使得问题的解决更容易了。我发现微笑给我带来了钱财，我每天都会收获许多钱财。

“我同另一位经纪人共用一间办公室，他的一位秘书是一个可爱的小伙子。我很为我所取得的进展而感到高兴，所以我将自己最近所学到的关于人际关系的新哲学都告诉了他。没想到他承认说，当我最初与他共用办公室的时候，他还以为我是个郁郁寡欢的人呢——直到最近，他才改变了对我的看法。他说，当我微笑的时候，让他感到非常亲切。

“现在我也真的开始改掉批评别人的习惯。我只是欣赏和称赞别人，而不去指责他们。我也不再只顾及自己的需要，我现在更希望从别人的立场来分析问题。这些做法，真的改变了我的生活。我现在已经变成另一个完全不同的人了，一个更快乐、更充实的人，而且得到了友谊和快乐——而这些显然才是最重要的。”

别忘了，写这封信的是一位饱经世故的、到过世界各地的知名经纪人。他以在纽约证券交易所买卖证券为生，而且干得还很不错——这可是很难干的一个行业，失败率高达99%！

你不愿意微笑吗？那该怎么办呢？有两个办法可以帮助你：第一，强迫自己微笑。第二，如果你一个人独处，不妨强迫自己吹吹口哨，或哼一支小曲，或唱唱歌，就好像你很快乐的样子，那就能使你快乐。哈佛大学已故的著名教授威廉·詹姆士曾这样说道：

“行动就好像是跟随感觉之后而产生的。但它与感觉其实是同时进行的，这就足以使直接受意志控制的行动有规律，而且也间接地使不直接受意志控制的情感有里，了一定的规律……因此，如果我们不愉快的话，那么得到它的主动途径就是让自己高兴起来，就好像你已经得到了快乐一样……”

世界上的每一个人都在追求幸福——而获得幸福的一个可靠的方法，就是控制你的思想。幸福并不取决于外界的因素，而是取决于你内心的状态。

因此，不论你拥有什么，也不论你是谁，你在何处，或者你在做什么事，决定你是否幸福的关键，在于你怎么想。

“事无善恶，”莎士比亚说，“思想使然。”

林肯也曾说：“大多数人的快乐，和他们内心当中所想要得到的快乐，相差无几。”他说的确实没错。我最近看到了一个生动的例证。

当时，我正在爬纽约长岛火车站的台阶，看到在我前面有三四十个拄着拐杖的残疾儿童正在用力登台阶，有一个男孩还必须要由人抱上去。但他们的欢笑和快乐使我感到吃惊极了。我对带领这些儿童的管理员说了我个人的感受。

“咳，是的，”他说，“当一个孩子知道自己将终生残疾时，他最初往往是惊慌失措，但在惊惶之后，常常会接受命运的安排，以至于比正常儿童还要快乐些。”

我真觉得我有必要向那些孩子致敬。他们给我上了一堂生动的课，我希望自己永远都不会忘记。

所以，如果你想要别人喜欢你，你就要做到：微笑待人。

牢牢记住他人的名字

一个叫吉姆·法莱的男子死后，留下了他的妻子和3个孩子，以及几百美元的保险金。他最大的儿子小吉姆，这时才10岁。为了帮助母亲，小吉姆到砖厂去工作。他的任务就是运沙子，然后将沙子倒入砖模中，将制好的砖坯转换方向，把砖放在太阳底下晒干。这个小吉姆从来都没有机会接受什么教育，但因为具有天生的愉快的品性，他有一种使别人喜欢他的才能。因此当他以后参加到政治生活中的时候，随着岁月的流逝，他培养起一种记住别人名字的奇特的能力。

他从未上过中学，但在他46岁以前，已经有4所大学给他授予名誉学位；他还成为美国民主党全国委员会的主席，当上了美国邮政总监。

有一次，我去拜访小吉姆·法莱，问他有什么成功的秘诀。他说：“卖力地工作。”

我说：“别开玩笑了。”

于是他问我，我认为他成功的因素是什么。我回答道：“我知道你可以叫出10000人的名字来。”

“不，不。你错了，”他说道，“我能叫出50000人的名字。”

千万不要小看这一点，正是这种能力，才使得小吉姆·法莱帮助富兰克林·罗斯福进入白宫，当上了美国总统的。

当小吉姆·法莱在一家石膏公司担任推销员，到处奔波的那些年，当他在家乡小镇上担任乡间公务员的那段时间，他自己创造了一种记住别人姓名的有效方法。

刚开始的时候，这种方法非常简单。每当他接触到一个陌生人的时候，总是要问清对方的姓名、他家中有几个人、他的职业情况、他的政治观点，并认真地记住这一切，将这些和其本人的面貌联系起来。当下次再遇到那个人时，即使是在一年以后，他也能够拍着他的肩膀，问候他的夫人和孩子们。难怪有这么多的人拥戴他！

在富兰克林·罗斯福开始竞选总统的前几个月，小吉姆一天要写好几百封信给西部及西北部各个州的人。然后他登上火车，在19天之内，行程12000公里，足迹遍及20个州，用轻便马车、火车、汽车、快艇代步。他每到一个城镇，就要和前来会见他的人共进午餐或早点、茶点或晚餐，同他们做一番亲切的交谈，然后再奔向下一站。

等他一回到东部，就立刻给他所到过的每个城镇中的某个人写信，请对方帮忙将与他谈过话的客人的名单寄给他。然后，他将这些名单整理出来，最后名单上的名字就多得数不清了，但名单中的每个人都收到了小吉姆一封私人信函，他在信中对对方总是大加赞扬。这些信都是用“亲爱的比尔”或“亲爱的杰恩”来开头的，而最后总是签着“吉姆”的名字。

小吉姆·法莱在早年就发现普通人对自己的名字总是会很感兴趣，这甚至比对世上其他所有名字加起来还要感兴趣。记住一个人的姓名，并且能很容易地叫出来，那么对这个人来说可是一种巧妙而有效的恭维。但假若你忘了或记错了某个人的名字——你就会处于极其不利的地位。

例如，我曾在巴黎开设了一门公共演讲课程。我向居住在城中的所有美国居民邮寄出了复印的信。但打字员的英文水平很低，因此在打姓名时自然难免会出现错误。有一个人是巴黎一家美国大银行的经理，他给我写了一封毫不留情的责备我的信，因为他的名字被拼错了。

要想记住一个人的名字，有时可真是一件很难的事情，尤其是当这个人的名字不太好念的时候。因为一般人都不愿去记住这种难记的名字，都会心想："算了，干脆就叫他的昵称得了，而且很容易记住。"可是你想过没有，一旦你牢记住别人的名字时，会产生什么样的效果呢？

希德·李维曾经拜访过一位顾客，这位顾客的名字特别难记，叫尼古德马斯·帕帕都拉斯。由于这个名字太难记，别人都管他叫"尼克"。李维告诉我说："在去拜访他之前，我特别用心记住了他的名字。当我见到他，并用全称和他打招呼，对他说'早上好，尼古德马斯·帕帕都拉斯先生'时，他一言不发地待在那里，好几分钟都没有缓过神来。最后，他的泪水流了出来，颤抖着对我说：'李维先生，我在这个国家已经待了15年了，可是从来就没有一个人试着用我真正的名字，像您这样来称呼我！'"

异曲同工的是，音乐大师彼德鲁斯基也曾通过同样的方法，使他专车上的厨师感到自己受到了尊重，因为彼德鲁斯基总是称他为"考伯先生"。彼德鲁斯基曾15次到全美国旅行，为全国各地众多热情的听众表演音乐。每次他乘一列私人车厢旅行，在音乐会结束之后吃由同一位厨师为他准备的晚餐。在那些年中，彼德鲁斯基从来都没有用美国传统的方式称呼他"乔治"，而总是正式地称他为"考伯先生"，考伯先生当然也喜欢别人这样称呼他。

人们如此重视自己的名字，因此他们一般都会尽量使之得以世代延续下去并永垂不朽，有时甚至不惜任何代价。例如，就连脾气暴躁而且富可敌国的R.T.伯纳姆，也曾因为没有儿子继承伯纳姆这个姓氏而灰心丧气，以至于如果他的外孙C.H.西雷愿意称他自己为“伯纳姆·西雷”的话，他情愿给西雷25000美元。

200年来，有钱人常常出钱资助那些作家、艺术家和音乐家。图书馆和博物馆的最有价值的收藏品，常常是由那些担心他们的姓名日后被历史遗忘的人捐赠得来。例如，纽约公共图书馆有爱斯德家族与李诺克斯家族的藏书；大都会博物馆则永远保存着本杰明·爱特曼与J.P.摩根的签名。几乎每一个教堂都镶嵌上了彩色玻璃，以纪念捐赠者。

大多数人之所以不记得别人的姓名，只是因为他们不想花时间和精力去用心记住别人的姓名。他们总是为自己寻找各种借口，例如说他们太忙了。

但是和富兰克林·罗斯福相比，他们大概不会比罗斯福更忙了，然而罗斯福却舍得花时间去记住那些他曾经接触过的人的名字。

是的，富兰克林·罗斯福知道一个最简单、最明显、最重要的使人获得好感的方法，那就是记住别人的姓名，使人感觉受到了重视——但我们中间有多少人能够这样做呢？有一半以上的情形是这样的：我们被介绍给一位陌生人，我们和对方谈了几分钟，可是在分手的时候，连对方的姓名都不记得。

作为一名政治家，所要上的第一堂课就是“记住选民的姓名就是政治才能。倘若忘记，你将会被湮没”。

在个人事业与商业交往中，记住别人姓名的能力同在政治领域中差不多同样重要。

法国皇帝拿破仑三世——也就是伟大的拿破仑一世皇帝的侄子，曾自我炫耀地说，虽然国事繁忙，但是他能记住他所见过的每一个人的姓名。

他的方法是什么呢？很简单。如果他没有听清楚对方的姓名，他就会说："对不起。我没听清楚你的姓名。"如果这是一个不常见的姓名，那么他就会问："这是如何拼的？"

在谈话的过程中，他会将那个人的名字反复记几次，并在大脑中将这个姓名和这个人的面孔、神色以及外观对应起来记忆。

如果对方是个很重要的人物，拿破仑三世就更会费心思地去记住他。在他单独一人的时候，便会立即将这人的姓名写在一张纸上，仔细观看，牢牢地记在心中，然后将那张纸撕掉。这样，他对那个人的印象就会更深了。

所有这些事都要费一定的工夫，但爱默生认为，"有礼貌，是由小小的牺牲换来的"。

所以，如果你想让别人喜欢你，请牢牢记住一个人的姓名，这对别人来说，是任何语言中最甜蜜、最重要的声音。

善于倾听他人的讲话

最近，我应邀参加一次桥牌聚会。我自己不会打桥牌，恰好有一位美丽的女士也不会打桥牌。她知道在汤姆森先生从事无线电这个行业之前，我曾经担任过他的私人助理。当时，汤姆森到欧洲各地去旅行，由我来替他做生动的旅行演讲。所以她说："啊！卡耐基先生，你能不能将你所见过的名胜古迹告诉我？"

当我们在沙发上坐下的时候，她说她同她丈夫最近刚从非洲旅行回来。"非洲，"我说，"这可是一个非常有趣的地方！我总想去看看非洲，但我除了在阿尔及利亚待过24小时外，没有到过其他任何地方。告诉我，你是否到过野兽出没的国度？去过？你可真是幸运极了！我可真是太羡慕你了！请你告诉我关于非洲的情形吧！"

结果，那次谈话持续了45分钟。那位女士不再问我到过什么地方，也不再问我看见过什么东西了。她并不是真的想听我谈论我的旅行，她所想要的，不过是一个认真的倾听者，她可以借此机会来讲她所到过的地方，以满足她的成就感。

她这样做很特殊吗？不。许多人其实都是这样的。

例如，最近我在纽约著名的出版商格利伯的宴会上遇到了一位著名的植物学家。我以前从来没有和植物学家交谈过，我觉得他具有极强的诱惑力。我真的坐在椅子上，静静地听他介绍植物学。他还告诉我许多关于廉价马铃薯的一些惊人的事实。由于我自己有一个室内小花园，我经常会遇到一些问题，因此他非常热情地告诉我如何解决我的问题。

我已经说过，我们这是在宴会中。当然在座的还有十几位其他的客人，但我违反了所有的礼节规矩，没有注意到其他人，而与这位植物学家谈了好几个小时。

到了深夜，当我向众人告辞的时候，这位植物学家转身面对主人，对我大加赞扬，说我是“最富激励性的人”，我在某方面这样，我在某方面那样……总之，他最后说我是一个“最有意思的谈话家”。

一个有意思的谈话家？就是我？可是，在这次交谈中，我几乎没有说什么话。如果我不改变话题的话，即使让我来说，我也说不出什么来，因为我对于植物学全然无知。但是请注意，我已经这样做了：我已经在认真地倾听他的谈话。我专注地倾听着，因为我真的有了兴趣。当然，他也察觉到了这一点，这显然让他很高兴。可见，这种倾听是我们对任何人的一种最高的恭维。

“很少会有人，”伍德福德在他的《相爱的人》中写道，“很少有人能拒绝那种隐藏于专心倾听中的恭维。”而我却比专心致志还要更进一步。我这是“诚于嘉许，宽于称道”。

我告诉这位植物学家，我已经得到了极其周到的款待和指导——我确实感到如此。我告诉他，我真的希望自己能有他的知识——我也确实希望如此。我还告诉他，我希望和他一起去田野中漫游——我真的希望是这样。我还告诉他，我必须再见到他——我真的必须再见到他。

就因为这样，使这位植物学家认为我是一个善于谈话的人。可是说实话，我不过是一个善于倾听的人，并鼓励他谈下去而已。

成功的商业会谈的秘诀，即“神秘的秘诀”是什么呢？根据伊利亚的观点——这是一位非常务实的学者，那就是“专心致志地倾听，这是最为重要的。至于成功的商业交往，并没有什么神秘的——没有别的东西会比这更使人开心的。”

这个道理很明显，是不是？你不必去哈佛大学读4年书才能领悟到这个道理。

马可逊可能算得上这个世界最优秀的名人访问者。他说：“有许多人之所以不能给别人留下良好的印象，就是因为他们不注意倾听别人的讲话。别人极其关心的是自己下面要说什么，而他们从来都不会认真地听别人要说什么……许多名人曾告诉我，和那些善于谈话者相比，他们更喜欢那些善于倾听者。但是，我们所具备的善于倾听的能力，好像比任何其他的能力都要少。”

《读者文摘》中有一段文章写道：“许多人去看医生，其实他们并没有什么病，他们所需要的不过是一个善于倾听的人。”

在美国内战最激烈的时候，林肯写信给在伊利诺伊州斯普林菲尔德镇的一位朋友，请他来华盛顿。林肯告诉对方，说他想和他探讨一些问题。

这位老朋友到了白宫，于是林肯就和他谈了好几个小时。

末了，林肯与他的这位老朋友握了握手，向他说了声“晚安”之后，就派人将他送回了伊利诺伊州，竟然没有征求他的意见。

在这次会谈中，所有的话都是林肯一个人说的，好像只有这样才能使他的心情得以舒畅。“谈话之后，他似乎稍稍感到舒适些。”这位老朋友说。

林肯并没有征询他的意见。林肯所需要的只是一位友善的、同情的倾听者，使他可以宣泄内心的苦闷——而这正是我们每个人在困难中都需要的，这也正是那些愤怒的顾客所需要的，不满意的雇员、伤感的朋友……所有人都是这样。

所以，如果你希望自己成为一个善于谈话的人，首先就要做一个善于倾听的人。这正如李夫人所说的："要使别人对你感兴趣，首先就要对别人感兴趣。"要做到这一点其实并不难，你不妨问一些别人喜欢回答的问题，鼓励他们开口谈，说说他们自己以及他们所取得的成就。

千万不要忘记，那个正在与你谈话的人，只会对他自己、他的需要、他的问题最感兴趣，这要比对你或是你的问题胜过上百倍。因此，在你下次开始谈话的时候，请不要忘了这一点。

所以，如果你要使别人喜欢你，那么做一个善于倾听的人，鼓励别人谈论他们自己。

第三章

学会真诚地赞美别人，成功就不远了

诚挚地赞美别人

史古本多·弗洛伊德认为，我们所做的每件事都来源于两个动机：性欲与想变得伟大的欲望。

约翰·杜威，美国知识最为渊博的哲学家之一，措辞稍有不同。杜威说：“人类本性中最深刻的愿望就是变得重要的愿望。”

林肯有一次在信中写道：“每个人都喜欢被赞美。”威廉·詹姆斯说：“人类本性中最深层的渴望就是被别人尊重的渴望。”他这里并不说“愿望，”或“欲望”，或“期望”，他这里说的是，被别人尊重的“渴望”。

这里有一种难以满足又十分坚定的欲望存在于人类灵魂深处。只有极少数的人寻求到了这种内心的渴望。

这种变得重要的渴望是人类和动物最显而易见的区别之一。如果我们的祖先没有这种要让自己变得更重要的强烈的欲望，那么根本不可能有我们现在的文明。如果没有这种进取心，那么我们和动物是没有多大区别的。

就是这种要让自己变得更重要的进取心激励了狄更斯写下他传世的名篇。就是这种进取心，激励着克里斯托弗·雷恩爵士谱写下了千古绝唱的交响乐。就是这种进取心让洛克菲勒赚到了他一辈子都花不完的钱。

伯德在1928年远征南极时，接受了很多亿万富翁的资助。因为这些亿万富翁们知道，当伯德到达南极后，众多的冰山将会以他们的名字命名。维克多·雨果，当他知道巴黎的部分街区将以他的名字命名后，激动万分。就连大名鼎鼎的莎士比亚，也想方设法地为他的家族弄到了一枚象征贵族的盾形徽章，以此来彰显自己的名声。

那么，怎样让人们获得自重感呢?

美国第一个年薪超过100万美元的商人是查理斯·斯瓦布（那个时候还没有个人所得税，而且每个月能够获得200美元的月薪就已经被认为是很富裕的了）。他被安德鲁·卡耐基于1921年任命为新组建的美国国家钢铁公司的总裁。那时，斯瓦布只有38岁。后来，斯瓦布离开了美国国家钢铁公司，跳槽到了处于困境中的伯利恒钢铁公司。他改组了这家公司，使之成为美国效益最好的一家公司。

为什么安德鲁·卡耐基愿意付给查理斯·斯瓦布每年上百万美元的年薪呢？是因为斯瓦布是一个天才？不。是因为他比其他人都了解怎么制造钢铁？更不是。查理斯·斯瓦布亲口告诉我，他有众多优秀的手下，这些手下都比他更了解如何生产钢铁。

斯瓦布告诉我，为什么他每年可以赚到百万美元年薪是因为他处理人际关系的能力。我问他是如何做到的。下面便是他处理人际关系的秘密，这个秘密应该被刻在青铜板上，挂在每个家庭、大学还有商店的门口。孩子们应该牢牢记住这些话，而不是浪费他们宝贵的精力在记忆拉丁文的动词或者巴西的年均降雨量上，如果我们按照这些话去生活，那么你我的一生肯定会完全不同。

“我认为我的能力主要是能激发起我周围人的激情，”斯瓦布这样说道，“我最大的优势就是懂得如何去开发一个人最大的潜力。那就是通过欣赏和鼓励。”

“没有比来自上级的批评更能扼杀一位员工的进取心了。我从来都不批评任何人。我相信我们应该激励我们的部下去更好地工作。所以，我更喜欢去赞扬我的部下，而不是批评他们的缺点。我会很真心地赞扬我的下属，而且从来都不吝啬我的表扬。”

这就是斯瓦布的名言。但是普通人又是怎样做的呢？刚好完全相反。如果他不喜欢他下属做的某事，就会大声训斥他的下属；如果他的下属做了符合他心意的事，他却只字不提。正如同那句古话：

“只要我一次没做好，我就总是被批评！当我第二次做好了，却没有一句表扬！”

“在我广泛交往的一生中，认识了世界各地很多伟大的人物，”斯瓦布说，“我发现他们一个共同的特点，那就是他们会很真心地赞扬欣赏别人的工作而不是批评别人的努力。”

他也很坦率地说，这也是安德鲁·卡耐基成功背后一个最为重要的原因。安德鲁·卡耐基不管是在公开场合还是在私底下都会很热诚地赞扬他的下属。

安德鲁·卡耐基甚至希望在他的墓碑上都刻下赞扬他助手的语句。他为自己的墓志铭这样写道：“这里躺着一个人，他知道如何去表扬他周围那些比他更聪明的人。”

真诚地赞扬别人就是约翰·洛克菲勒成功处理人际关系的首要秘密。例如，他的一个合伙者，爱德华·贝德福德因为雇用了一个骗子，导致他们在南美洲的公司损失了100万美元。约翰·洛克菲勒也许会批评他，但是，洛克菲勒知道他已经尽力了——而这件事已经过去了。于是，洛克菲勒决定找些事情来表扬他。最后，他发现了一个闪光点并借此来赞扬贝德福德，那就是贝德福德为洛克菲勒节省了60%的投资金额。“这相当不错，”洛克菲勒对他说道，“我们常常都没有贝德福德做得那么好。”

佛罗伦萨·齐格菲尔德是有史以来最富盛名的制片人之一，是他让百老汇如此出名。而他如此有名正是因为他有一种敏锐的能力——让众多美国女孩更加容光焕发。他总是能发现那些丑小鸭身上的闪光点，然后把她们包装成舞台上众人瞩目的明星。他深知赞美和自信的力量，他通过最直接的赞美和体谅，让女孩觉得自己是世界上最美丽的女人。而且他特别注重实际：他把合唱队女孩的薪水从30美元一周涨到了175美元一周。他也很具绅士风度，在富丽秀的晚会上，他公开赞美那些明星，然后还接着表扬了那些“美国小姐”幕后的合唱队的女孩们。

我们常常给我们的孩子、家人、员工补充身体的营养，但是我们什么时候才会给他们补充他们自尊的营养呢？我们为他们提供烤肉和马铃薯来补充他们的能量，但是我们却忽略了用一些赞赏之词来让他们更有信心。其实，只需要很少的一些赞赏之词，就可以让他们在未来的数年里保持着很好的状态。

有些读者现在可能说：“哈，这些都是骗人的。你满口胡言。你举的都是名人的例子，如果不是名人，那根本不管用。”

当然，奉承对那些有自我见解的人几乎不管用。那是因为这些奉承太肤浅了，太自私了，太过于敷衍了。这样的确起不到什么作用。当然，有些人太急于赞扬别人了。奉承就如同伪劣商品，如同假钞一样，如果你很随意地奉承别人的话，那么最终你会陷入麻烦的。

那什么是奉承和赞美的区别呢？其实，很简单。赞美是十分真诚的，而奉承却是敷衍的。

一次，我到墨西哥城的差普洱提匹克宫，看见了墨西哥英雄阿尔瓦罗·奥布雷贡的半身雕像。在雕像的下面刻着这样的话语：“永远都不要害怕那些进攻你的敌人，你要小心那些奉承你的朋友。”

英王乔治五世在白金汉宫的墙上悬挂着六句座右铭。其中的一句是这样说的："不要轻易奉承他人，也不要接受那些廉价的赞美。"

对！奉承就是廉价的赞美。我曾经看过一个关于奉承的定义，我认为相当不错，值得在这里提一下："奉承仅仅只是告诉了别人他自己的偏见。"

拉尔夫·沃尔多·爱默生说："无论使用什么样的语言，除了描述出你自己的想法，别的什么也描述不出来。"

如果我们所需要做的仅仅只是奉承的话，那么我们每个人都可以成为人际关系方面的专家。

我们日常最容易被忽略的一种美德就是赞赏别人。当我们的孩子带回家一张非常不错的成绩单时，我们常常忽略了表扬他们。没有任何东西比来自家长的肯定和表扬更能激励我们的孩子了。任何一位部长、演讲家也都深知在演讲时，当众说那些泄气的话是不会有任何积极作用的，也不会得到别人的肯定。那什么样的话语能对我们办公室里的、商店里的、工厂里的员工起到事半功倍的激励作用呢？从我个人的人际交往经验来看，我们永远都不要忘记一点，所有和我们共事的人都是普普通通的人类，而且他们都渴望得到肯定。每个灵魂都渴望获得赞美。

在你每天的旅途上都留下些友爱的赞赏火花，那么当你下次路过的时候，你就发现到处都有友谊之火温暖着你。

真诚的赞赏往往能收获很好的结果，但是批评和奚落却不能。伤害别人不仅不能获得改变他们的效果，而且根本不应该这样去做。这里有一句古话，我抄下来，贴在我浴室的镜子上面，让我每天都不得不看到：

我的一生仅此一次，因此，我所能做的任何美好的东西、善良的举动我都应该立即展示给所有的人，因为我的一生仅此一次，所以我不应该排斥或是忽略它。

请停止对自己的那点小成就念念不忘吧！请努力地看清别人的优点，并及时地给予最诚挚的赞赏。“真心地给予别人肯定，不要吝啬你的赞美”，人们会因为你的肯定和赞美而欢呼雀跃，而且会用心铭记你的话语，直到永远。

激励他人进步

我从回顾我自己的过去中看出：在某些方面，确实因为几句称赞的话就深刻地改变了我的一生。在你的一生中，是否也有过与此相同的情形呢？历史上，因称赞而走向成功的奇迹，简直数不胜数。

例如，50年前，有一个十来岁的孩子在那不勒斯一家工厂工作。他极其渴望成为一名歌唱家，但他的第一位教师却使他大受挫折。“你不能唱歌，”他说，“你天生就缺少一副好嗓子。你的嗓音听起来就像风雨吹打中的百叶窗发出的难听的声音一样。”

但他的母亲——一位贫苦的农家妇女，却热烈地拥抱着他、称赞他，并告诉他，她知道他能唱歌，并说她已经看到了他的进步。她节衣缩食，以便节省钱来支付他的学费。那位农家母亲的称赞与鼓励，改变了这个孩子的一生。你也许已经听说过他，他的名字叫恩瑞格·卡罗索。

在许多年以前，伦敦有一位青年希望成为一名作家。但似乎事事都跟他过不去：他只上过4年的学，他的父亲因为还不起债而被捕入狱，因此，这位青年常常饱受挨饿之苦。最后，他找到了一份工作，在一间老鼠穿梭的库房中粘贴黑油瓶标签。晚上，他和两个来自伦敦贫民窟的小孩一起睡在一间阴暗的小阁楼中。他对自己的写作能力没有任何信心。因此，他在深夜里偷偷地溜出去，将他的第一篇稿件寄了出去，因为他怕别人笑话他。尽管一篇篇稿件都被退了回来，但他最后迎来了伟大的一天，他的一篇文章被采用了。而事实上，他没有得到一先令的稿酬，不过有一位编辑称赞了他。他如此兴奋，在街上毫无目的地游荡，兴奋得泪流满面。

由一篇故事被刊出所得到的称赞及认可，改变了他的整个人生，因为如果没有那次鼓励，他很可能会在那家老鼠成灾的工厂中穷困潦倒过一辈子。你也许早已知道那个孩子，他的名字叫查尔斯·狄更斯。

在50年前，伦敦的另一个孩子，他在一家布店当店员。他每天早上必须5点钟就要爬起床，把布店打扫得干干净净，还得像奴隶般工作14个小时。那简直是在做苦役，他不喜欢这份工作。过了两年，他实在忍受不下去了。一天早上，他起床之后来不及吃早饭，就步行了15英里，去找他那位在别人家里当管家的母亲商量。

他几乎发狂了。他请求她，他哭泣，他发誓——如果他必须再留在这家布店中，他一定会自杀的。然后，他写了一封长长的且带有悲剧色彩的信给他的老校长，说他的心已经破碎，不愿再活在这个世界上。他的老校长给了他一些勉励，并肯定地说，他实在是个很聪明的孩子，应该得到一份更好的工作，并给了他一个教员的职位。

这次鼓励改变了那个孩子的前途，使他在英国文学史上写出了不朽的一页。因为那个孩子后来写成了77部著作，挣得了100多万美元的稿酬。你大概听说过他，他的名字就叫赫伯特·威尔斯。

在1922年，一位住在加利福尼亚州的青年，他穷得连他的妻子都养不活。因此他星期日在教会唱诗班中唱歌，或偶尔去别人的婚礼中为人唱《祝福歌》，以赚得5美元。他如此贫困，以至于在城里住不起，因此，他在一个葡萄园中租了一间破旧的屋子，租金每月只有12.5美元。房租虽低，但他仍支付不起，还拖欠了10个月的房租。他只好在葡萄园中帮人摘葡萄，以代付租金。他告诉我，他有时除葡萄以外，甚至没有别的东西可吃。他非常悲观，几乎要放弃唱歌这一差事，去推销载重汽车了。就在这时候，休斯称赞了他，对他说："你可以成为一位伟大的歌唱家。你应该去纽约进修深造。"

最近，那位青年告诉我，说休斯那一点称赞——那轻微的激励，成为他终身事业的转折点，因为他得到了激励，促使他借了2500美元去东部求学。你也许听说过他，他的名字叫劳伦斯·狄拜特。

以赞扬代替批评，是史金纳教授的核心观点。这位世界上最伟大的心理学家，以动物和人做实验，来证明当减少批评并且多加鼓励和夸赞时，被实验者就会多做好事，而相对不好的方面则会被忽略而萎缩。

北卡罗来纳州洛杉矶市的约翰·林杰波夫，就采取这种方式来对待他的孩子。如同许多家庭一般，父母对孩子动不动就会大声吼叫。许多家庭的情况显示，在经历了这样一段时期之后，孩子和父母的关系恶化了。

我们都渴望得到赏识和认可，而且会尽一切努力去得到它，但没有人希望得到那种虚伪的阿谀奉承。

让我再重复一遍，这本书所教导的各项原则，只有真心诚意地去实践才会有用。我可不是在推荐阴谋诡计，我所推荐的是一种新的生活方式。

讲到改变人，假如你我愿意鼓励每一个我们所接触的人，使他们认识到并挖掘自己所拥有的内在宝藏，那么，我们不仅可以改变他本人，我们甚至可以使他脱胎换骨。

这有些言过其实吗？那么就让我们来听听哈佛大学已故的詹姆士教授的名言吧——他大概是美国有史以来最著名、最杰出的心理学家及哲学家。

“与我们应能有的成就相比，我们不过处于半醒状态。我们现在只利用了我们身心资源的一小部分。广义地说，人类生活在其能力远未开发的极小的天地里。人拥有各种能力，但却不曾利用它。”

是的，读到这句话的你，就具有各种潜能，但你却不习惯于开发运用，这些才能你大概都没有充分发挥出来，其中之一就是称赞别人、激励别人，使其认识到本身所蕴藏的聪明才智，并激励他发挥这些具有神妙功效的能力。

能力会在批评下萎缩，而在赞扬鼓励之下开花。所以，要改变别人而不冒犯他或引起反感，就要称赞别人最微小的进步。

送人一顶“高帽子”

如果一个好工人变成了一个不负责任的工人，你会怎么办？你可以解雇他，但这却解决不了任何问题。你也可以责骂那个工人，但这通常只会引起怨恨。

亨利·哈克是印第安纳州洛威市一家卡车经销公司的服务部经理，他公司有一个工人的工作成绩每况愈下。但亨利·哈克并没有对他怒吼或威胁，而是叫他到办公室，跟他做了一次坦诚的谈话。

他说：“比尔，你是一名很出色的技工。你在这条生产线上已经工作好几年了，你修的车顾客也都很满意。其实，有很多人都赞赏你的技术。不过最近你完成一件工作所需要的时间更长了，而且你的质量也不如你以前的水平。以前你是个优秀的技工，我想你一定知道我不太满意你目前这种情况。我们也许可以一起来想办法改进这个问题。”

比尔回答说，他并不知道他没有做好他的工作，并且向亨利·哈克保证他以后一定会改进。

他做到了没有？你可以肯定他做到了。因为他原本就是一个优秀而敏捷的技工。有了哈克先生的那次赞美，他会去努力，而不会做不如从前的事。

住在纽约州斯加斯台尔市布鲁斯特路175号的琴德夫人，是我的一位好朋友。她雇了一个女仆，告诉她下星期一开始上班。

然后，琴德夫人给那女仆以前的女主人打电话了解情况。当这女仆来上班的时候，琴德夫人说："奈莉，我那天给以前雇你做事的那位太太打电话。她说你诚实可靠，不仅会做菜，还会照顾孩子。但她说你不爱整洁，不能把屋子收拾干净，现在我想她可能是在说谎。你穿得这么整洁，人人都可以看到这一点。我敢打赌你收拾的屋子一定同你的人一样干净整洁。我们将会相处得很好。"

结果呢，她们真的相处得很好。奈莉要顾全她的这一名誉，并且她真的尽力保住了这一好名声。她把屋子收拾得干干净净。她哪怕多费一小时擦地，也不愿让琴德夫人对她失望。

"对普通人来说，"鲍德文铁路机车厂经理华克莱说，"如果你能得到他的敬重，并且你对他的某种能力也表示敬重，那么他们都会很乐意接受你的领导。"

总之，如果你要在某方面改变一个人，就必须把他看成他早就具备这一方面的杰出特质。莎士比亚说："假定一种美德，如果你没有，你就必须认为你已经有了。"如果你希望某人具备一种美德，你可以认为并公开宣称他早就拥有这一美德了（尽管可能的确没有）。给他一个好名声，送他一顶"高帽子"，让他去实现，他便会尽量努力去做。

比尔·帕克是佛罗里达州德透纳海滩一家食品公司的业务员，他对于公司新近推出来的系列产品感到非常兴奋，但不幸的事情发生了：一家大食品公司的经理取消了产品展示，这使得比尔很不高兴。他想这件事想了一整天，决定在下午回家之前再去那家公司试试。

他说："杰克，今天早上我走时，还没有让你真正了解我们最新推出的系列产品。假如你能再给我一些时间，我很高兴为你介绍我还没说完的几点内容。我非常敬重你听人谈话的雅量，而且你待人非常宽容，当事实需要你改变时，你会改变你的决定。"

杰克会拒绝再听帕克的话吗？在帕克送给他美誉的情况下，他是没办法拒绝的。

有一天早晨，爱尔兰都柏林一位牙科医生马丁·魁兹夫，对他的病人挑剔他用的漱口杯的托盘不干净感到很震惊——不错，他用的是纸杯，而不是托盘，但那些设备都生锈了，这明显表示他的职业水准还远远不够。

这位病人离开之后，魁兹夫医生将他的私人诊所关了，并写了一封信给布利基特——一位女佣，她一个星期为他打扫两次卫生。他这样写道：

“亲爱的布利基特：

我最近很少看到你。我想我应该抽些时间以感谢你为我做的清洁工作。顺便要提出来的是，一周两个小时的时间并不算多。假如你愿意，我想请你随时来我这里工作半个小时，做些你认为应该经常做的事，例如清理漱口杯的托盘等。当然，我会支付额外的服务费用的。”

当他第二天走进办公室时，他的桌子和椅子擦得几乎和镜子一样光亮，他差点儿从上面滑了下去。当他走进诊疗室时，看到铬制杯托放在储存器里，从未那么干净、光亮过。

他给了他的女佣一次赞美，使她朝这方向去努力，而且只为了这么一个小小的赞美，她尽了最大的努力。可是，她额外用了多少时间呢？对了，一点都没有！

在纽约市布鲁克林镇，一位教四年级的老师路丝·霍普金斯太太，在新学期的第一天，当她看了班上的学生名册时，她就有了某种忧虑：因为今年在她班上有一个全校最顽皮的“坏孩子”——汤姆。汤姆三年级时的老师总是一有机会就向同事或是校长抱怨。汤姆不只是搞恶作剧，跟男同学打架，还捉弄女同学，对老师无礼，扰乱班上秩序，而且好像越来越恶劣。他唯一值得称赞的特质是，他能很快学会老师教的功课。

霍普金斯太太决定改变这个“问题汤姆”。当她第一次见到她的新学生时，她讲了一些话：“罗丝，你的衣服很漂亮。爱丽西亚，我听说你的画画得很好。”当她念到汤姆的名字时，她双眼直视着汤姆，对他说：“汤姆，我知道你天生是个领导人才。今年我要依靠你来帮助我把这个班变成四年级最好的一个班。”在头几天，她一直强调这一点，并夸奖汤姆所做的一切，还说他的行为表明他是一个很好的学生。由于有了这种值得奋斗的美名，即使像汤姆这样一个9岁大的男孩也不会令人失望。而他真的也做到了这些。

当年鲁士纳想对驻法国的美国士兵的行为施加影响时，也用了同样的方法。哈伯德将军是最受欢迎的美国将军之一，他曾经告诉鲁士纳，据他看来，在法国的200万美国士兵，是他曾见到过的最清洁、最理想的军人。

这种称赞是不是太过分了？或许是的。但让我们来看看鲁士纳是如何应用它的。

“我从来都没有忘记把哈伯德将军所说的话告诉士兵们，”鲁士纳写道，“我从不去追究这些话是不是真实可信。但我知道，即使这些话不一定真实，士兵们只要听到了哈伯德将军的评价，他们就会为此而努力，以达到那个标准。”

有一句古语说：“人要是背了恶名，不如一死了之。”但给他一个好名声——看看会有什么结果！

差不多每一个人，富人、穷人、乞丐、盗贼，都会极力奋斗，以保全别人给予自己的好名声。

“如果你必须应付盗贼，”辛辛监狱长劳斯说。而这位监狱长应该知道他在讲些什么：“如果你必须应付盗贼，只有一个可能的方法可以制服他——那就是把他当成一个体面的君子来对待他。你必须把他看成规规矩矩的人。这样，他就会受宠若惊，并因此有所感动，为别人对他的信任而自豪。”

所以，如果你要影响一个人的行为，而又不想引起反感或冒犯他，记住这个规则：给人一个好名声，让他为此而努力奋斗。

鼓励更能使人改正错误

我的朋友当中有一个单身汉，40岁的时候才订婚，他的未婚妻劝他去学跳舞。“我根本就不知道该学跳什么舞。”在叙述整件事情的过程中，他向我坦白道：“因为我现在的舞技，就跟20年前第一次学跳舞时一样，我的头一个老师也许说出了真话，她说我跳得都不对。我必须忘掉一切，重新开始。但那让我灰心丧气，我没有心情继续学跳舞了，于是我就放弃了。

“第二个老师可能是在说谎，但是我却很受用。她满不在乎地说，我的舞步只是落伍了，但是基本功还是不错的，并且她向我保证，我一定不会多费工夫就能学会一些新的舞步。我的第一个老师因为挑我的毛病而使我灰心，从而放弃了学跳舞，而这个新老师的做法却正好相反。她不断鼓励我做对的地方，忽视我的错误。‘你有天生的节奏感，’她十分肯定地对我说，‘你真的是位天生的舞者。’现在，我的常识告诉我，我以前是，并且将来还会是一个末流的舞者，然而，在我的内心深处，我仍然愿意相信她说得也许是真的。的确，我是花了学费才换来了她的这些话，但为什么一定要说穿呢？

“不管怎么样，如果她不说我有天生的节奏感，那么我的舞技是不会有所长进的。她说的话给了我希望，使我产生了想要努力争取进步的愿望。”

因为某一件事情，说你的孩子、丈夫，或是下属是“傻瓜、无能、毫无天赋、做什么错什么”，那样的话，你就扼杀了对方想要努力进取的希望。然而，你若利用相反的方法，宽容地对待别人的错误，并常常鼓励他们，就可以使事情变得容易办到，让别人知道你对他要做的事情有信心，他很有潜力，那么他就会废寝忘食，努力做到最好。

洛厄尔·托马斯，一位优秀的人际关系家，常常使用以下这种方法：他给你信心，用鼓励和信任来鞭策你。例如，我曾和托马斯夫妇一起共度周末，一个周六的晚上，他们邀请我在烧得很旺的火炉边上打桥牌，但这个游戏对于我来说永远都是神秘的，不，不，我一点也不会。

“为什么，戴尔，这完全不是什么神秘的东西，”洛厄尔说道，“玩桥牌只需要记忆力和判断力，你曾写过一本有关记忆力的书，打桥牌对你来说不过是小菜一碟，这正好对你的胃口。”

很快，就在我还没弄清楚是怎么回事的时候，我发现自己竟然已经坐在桥牌桌上了。全都是因为我被告知说，我在打牌方面有天赋，这使得玩这种游戏的确好像容易了。

克拉伦斯·琼斯，来自俄亥俄州辛辛那提市的教师，是我培训班上的一名男学员，曾告诉我，多鼓励以及使错误容易纠正，是如何完全改变他儿子的一生。

“1970年，我的儿子大卫当时15岁，前来辛辛那提市和我一起住，这孩子命运多舛。1958年，他因为一次交通事故，做了一次开颅手术，在前额留下了一道难看的瘢痕；1960年，他母亲和我离婚了，然后他和母亲一起搬到田纳西州的达拉斯。在他15岁之前，他一直在田纳西州的一家智障儿童学校学习。或许是因为脸上有瘢痕的原因，学校领导就说他的大脑受过伤害，不能进正常的年级，所以比起同龄人，他要低了两级。尽管他15岁了，却才读7年级，但是却连乘法表也背不下来，需要用手指掰着算，并且几乎不会阅读。

“只有一个优势，那就是他喜欢摆弄收音机和电视机，他想要成为一名电视机维修师。于是，我就鼓励他，并给他指出他需要学习数学，这样才能胜任此项工作。我决心帮助他精通此道。于是，准备了四种学习卡：里面包括加法、减法、乘法和除法。我们把所有的卡片都做好之后，将正确答案写在一打废纸上。每当大卫做错一道题，我就告诉他正确答案，然后把这张卡片放在需要重做的那一堆里，直到没有需要重做的题目为止。我们对他做对的题目大加赞扬，特别是之前那些出过错的。每天晚上，我们都要检查一遍需要重做一遍的卡片，并且用秒表给他计时，我答应他，如果他能够在8分钟之内把题目全部做完，而且做对的话，我们就结束这样的练习，这对于大卫来说简直是件不可能完成的任务。第一天晚上，做完所有的题目用了52分钟，第二天48分钟，之后是45、44、41，最后可以在40分钟之内完成了。每一次提高速度，我们都要庆祝，我会给他拥抱，然后一起跳舞。在这个月末，大卫做题的正确率达到了100%，并且是在8分钟之内完成的。当他取得一点进步之后，他就会想要继续做。经过这一训练之后，他惊喜地发现，原来学习可以这么轻松和有趣。

“渐渐地，他的代数成绩有了显著的提高，当你学会乘法时，你就会惊奇地发现代数是多么的简单。当他拿回来一张得到“B”的成绩单时，连他自己也震惊了，这之前从来没有发生过。其他的一些改变也以让人难以置信的速度发生了：他的阅读得到了很大进步，并开始展现画画方面的天赋。后来，他的理科老师让他来做一项科学试验，他选择做一系列高度复杂模型来验证杠杆原理。这不仅需要画图和模型制作方面的技能，还需要应用数学方面的知识。最后，他的试验模型不仅取得了校展览的第一名，还参加了全市的评比，最后赢得了全市第三名的好成绩。

“这就是故事的全过程。一个被迫连降两级的孩子，还被认为是残障儿童，并且被班里的同学称为‘科学怪人’，说他的脑子从脸上的那个切口中流走了。突然间，他发现自己确实能够学习并做好很多事情。结果呢？自从他八年级的最后一个学期之后，他从没离开过优等生的名单，上了高中之后，他被推选为全国荣誉协会的会员。显而易见，一旦他发现学习并不是件困难的事，他的整个人生都改变了。”

如果你想要帮助别人取得进步的话，请记住：多多鼓励，使别人的错误更加容易改正。

第四章

赢得他人的赞同，你就是世界上最受欢迎的人

尽量不要指责他人的错误

当西奥多·罗斯福入主白宫时，他承认如果能有75%的时候不出错，就达到了他的最高期望标准。

如果这位20世纪最杰出人物的最高希望也只是这样，更何况你我呢?

如果你能确信你有55%的正确率，你大可以去华尔街，一天赚个100万美元。如果你没有这样的把握，你又凭什么说别人错了?

无论你用什么方式，例如用眼神、声调或手势，指责别人说他错了，就像用话一样来明显地说他错了，你以为他会同意你吗?绝对不会!因为你直接打击了他的智慧、他的判断力、他的自豪和自尊，这只会使他起来反击，但永远不会使他改变他的看法。即使你搬用所有柏拉图或康德式的逻辑与他辩论，也改变不了他的看法，因为你伤了他的感情。

永远不要这样说："我要给你证明这样……"那就会把事情搞砸了。因为那等于在说："我比你聪明。我要告诉你怎样怎样，使你改变看法。"

那是一种挑战。那只会引起争端和反抗，使对方甚至根本不听你下面的话就和你争论起来。

即使是在最温和的情况下，也不容易改变别人的主意，那么更何况在其他情况下呢？你为什么要自找麻烦呢？

英国19世纪的著名政治家查斯特·菲尔德对他儿子说：“如果可能，应该比别人聪明，但绝不能对人说你比他聪明。”

苏格拉底在雅典一再告诫他的门徒说：“我只知道一件事，那就是我什么也不知道。”

我可不敢奢望比苏格拉底更高明，所以，我也尽量避免说别人错了。

如果一个人说了一句你认为错误的话——是的，即使你能肯定那是错误的——如果你直接地告诉他，那么结果会怎样呢？我可以举一个特殊的例子来说明。

某先生是纽约一位青年律师，最近参加了由美国最高法院审理的一个重要案件的辩论。这一案件涉及一大笔金钱与一项重要的法律问题。

在辩论中，最高法院的一位法官对某先生说：“《海事法》的追诉期限是6年，是不是？”

某先生顿时有些吃惊，他注视该法官许久，然后直率地对他说：“审判长，《海事法》中没有关于追诉期的条文。”

“法庭立即寂静下来。”某先生后来在我的辅导班中叙述他的经历时说，“法庭中的温度好似降到了零度。显然我是对的，这位法官是错的，而我也如实地告诉了他。但那能够使他变得更加友善些吗？不。尽管我相信法律可以作为我的后盾，而且我也很清楚当时我的发言比以往任何时候都更加精彩，可是我并没有说服他。我犯了个大错，当众指出一位学识渊博的、极有声望的人错了。”

很少有人会进行逻辑性的思考。我们之中的大多数人都犯有主观的、偏见的错误。多数人都有忌妒、猜疑、恐惧，以及傲慢等许多缺点。所以，如果你习惯于指出别人的错误的话，就请你在每天早餐以前，坐下来读一读下面这段文字。它摘自詹姆斯·哈维·鲁宾孙教授那本极具启迪意义的《决策的过程》一书。

“有时候我们会在热情或冲动之下改变自己的思想，但是如果有人指出了我们的错误的话，我们反而会固执己见，并迁怒于对方。我们会在无意识中改变自己的某种观念。这种行为完全是潜移默化，不被我们注意的。但如果有人要来指正我们这种观念，我们反而会极力维护它，使其不受侵犯。很明显，这并不是由于那些观念本身非常宝贵，而是我们的自尊心受到了伤害……在为人处世时，‘我的’这简单的两个字，是最重要的词。妥善适当地用好这个词，才是智慧之源。无论是‘我的’饭，‘我的’狗，‘我的’屋子，‘我的’父亲，还是‘我的’国家，这些都有着同样的力量。我们不但不喜欢别人说我的手表不准，或说我的汽车太破旧，也不喜欢别人纠正我们对于火星上水道的模糊的概念，对于某个词的读音，以及对于某种药效的认识的错误……我们总是愿意相信以往所习惯的东西，当我们所相信的任何事物受到怀疑时，我们就会产生反感，并寻找各种理由来为它辩护。结果呢，我们所谓的理智、所谓的推理等，就变成了维系我们所惯于相信的事物的借口。”

当我们犯错的时候，我们或许会自己承认。如果对方待我们非常和善友好，我们也会向别人承认，甚至会对我们自己这种直率坦诚而感到自豪。但如果有人硬是要将难以下咽的东西塞进我们的喉咙，那可办不到……

美国南北战争时，最著名的编辑哈里斯·格里莱激烈地反对林肯的政策。他相信用辩论、讥笑、谩骂等办法可以迫使林肯同意他的观点。于是他月复一月、年复一年地持续使用这种苛刻的办法。就在林肯遇刺的那天晚上，他还写了一篇文风粗暴而苛刻的文章来讽刺攻击林肯。

但所有这些尖刻的攻击使林肯妥协了吗？丝毫没有。讥笑、谩骂永远于事无补。

让我们看一个例子——别忘了，我所举的这些例子，代表了成千上万人的经验。克洛里是纽约泰勒木材公司的推销员。克洛里承认，他多年来总是对那些脾气大的木料检验员挑毛病，指出他们的错误，而他也常常在辩论中取胜。但这对他一点好处都没有。“因为那些木材检验员，”克洛里先生说，“和棒球裁判员一样，一旦他们做出裁判，就绝不再更改。”

克洛里先生发现因为他争辩得胜而使他的公司损失了成千上万的资金。所以，他在参加我的辅导班时，决定改变方法，放弃辩论。结果如何呢？下面是他对同班学员的叙述：

“有一天早上，我办公室的电话响了。一位气恼万分的顾客在电话中抱怨说，我们送到他厂里的一车木料，完全不合乎他们的要求。他的公司已经停止卸货，并要求我们立刻将这些木料设法从他们那里运走。他们的木料检验员说，在木料卸下四分之一之后，发现有55%不合格。在这种情况下，他们拒绝接收这批货物。

“我立刻动身去他的工厂。在路上，我一直在想着处理这种情况的最好方法。在这种情况下，我一般会引用木材等级的规则，并以我自己担任检验员的经验与知识，来说服那位检验员，让他相信木料确实符合标准，是他在检验时误解了规则。不过我想我还是试试我在班中所学的那些原则。

“当我到了工厂时，只见采购经理及木料检验员一脸的不高兴，一副准备争辩的样子。我们走到正在卸货的卡车边上，要求他们继续卸货，并让我看看具体情况。我请检验员照常检查，把不合格的木料放在一旁，合格的则另放一堆。

“看了一会儿以后，我发现他的检查确实太挑剔了，而且他又误解了规则。这次的木料是白松，我知道这位检验员在硬木方面知识丰富，但在检验白松这类木料时却经验不足。检查白松正是我的特长，但我是不是对他分等级的方法提出了反对意见呢？绝对没有。我继续观看，渐渐地开始问他为什么有些木料不合格，我丝毫没有暗示这位检验员他错了。我郑重地向他表明，我之所以问他，只是希望将来能以他们要求的标准给他们公司供货。

“我用一种友善合作的精神向他请教，并坚持让他们将不满意的木料挑出来，结果他很高兴，最终效果很好，而我们之间紧张的关系也开始缓和下来了。不过我也会时不时地提醒他几句，使他觉得在拒收的木材中，实际上有些还是符合他们的标准的，而他们的检查实际上提高了等级标准。但是我非常小心，不让他觉察到我指出了这一点。

“渐渐地，他的整个态度有所改变。最后他承认他对于白松并没有多少经验，并在每块木板从车上搬下来时问我是否合格。我就向他解释为什么这块是合乎标准的。但我仍然对他说，如果他认为不合要求，他们可以不接收。终于，每当他挑出一块他认为不合格的木料时，他都感到有些不安了。最后，他意识到了他的错误，那就是他们事先没有规定所需木料的等级标准。

“最后的结果是，他在我走之后，重新检验了全车木料，并且全部接收，我们收到了一张全额支票。

“就这一件事来看，讲究一点说话技巧，尽量不去指责对方的错误，可以使公司减少一大笔收入损失，而我们给人留下的良好印象，更非金钱所能衡量的。”

古代埃及国王阿克图给他儿子一个精明的忠告——一个在我们今天看来仍十分重要的忠告。4000年前，阿克图国王在一天午宴时说：“谦虚而有策略，你将无所不能。”

换言之，不要同你的顾客、你的丈夫，或你的对手争辩。不要指责他错了，也不要刺激他，而是要讲究一点儿策略。

所以，如果你要使别人赞同你，你就要尊重别人的意见。尽量不要指责别人的错误。

勇敢地承认自己的错误

我住的地方，几乎是纽约市中心，但从我家中步行不到一分钟，就是一片森林。当春天来临时，那里野花盛开，松鼠在树林中筑巢生子，草长得与马头齐高。我常带着我的波士顿哈巴狗瑞克斯去公园中散步。这是一只友善而不会伤人的小狗，并且因为在公园中很少遇见人，因此我带瑞克斯散步时，常常不给它系狗链或戴口罩。

有一天，我们在公园里遇见了一位骑马的警察，他好像急于要显示他的威权。

“你不给狗戴口罩，不系链子，却让它在公园中乱跑，想干什么？”他责问我说，“你难道不知道那是违法的吗？”

“是的，我知道那是违法的，”我轻柔地回答，“但我想它在这里不至于伤到人。”

“你想不至于！你想不至于！法律才不管你怎样想呢。这只狗也许会伤害松鼠，或咬伤小孩。这次就算了，但如果我下回再在这里发现这狗不戴口罩，不系链子，你就必须去和法官解释了。”

我小心客气地答应遵守他的命令。

而我也的确遵守了——而且遵守了好几次。但是瑞克斯不喜欢戴口罩，我也不喜欢那样，所以我决定碰碰运气。起初一切都很顺利，可好景不长，后来我们就遇到了麻烦。一天下午，瑞克斯和我正跑过一个小山丘，就在这时，忽然间——不幸得很，我又遇到了那位警察，正骑着一匹棕红色的马，瑞克斯在前面跑，向那个警察冲过去。

我知道这回肯定麻烦了，所以，我还没等到警察开口说话，就先发制人。我说：“警官先生，这次你当场抓住了我，我是违了法。我没有借口。你在上星期已经警告过我，如果我再将小狗不戴口罩就带到这里，你就要罚我。”

“是的，是的。不过现在，”警察用温柔的声调说，“我也知道，在这周围没有人的时候，谁都忍不住想带着这样一只小狗在这儿转一圈。”

“那真是一种引诱，”我回答说，“但那也是违法的。”

“像这样的一只小狗不会伤人。”警察替我辩护说。

“不，它也许会伤害松鼠。”我说。

“哦，先生，我想也许你对这事太认真了。”他告诉我说，“让我告诉你怎么办吧。你只要让它跑过那土丘，让我看不见它，我就可以将这件事忘了，事情也就完了。”

和平常人一样，那位警察也希望得到一种自重感，所以当我开始责怪自己时，唯一能增加他的自尊的方法，就是对我表现得宽宏大度。

但假如我为自己辩护的话，那结果又将会怎样呢？我想你也许已经知道结果将是什么样的。

但我没有和他正面争论，我承认他是绝对正确的，我是绝对错误的，我爽快地、坦白地、真诚地承认这点。我站在他的立场上说话，于是他也就反过来为我说话。这件事就这样在平和的气氛下结束了。我想即使是柴斯特·菲尔德爵士，也不会比这位骑马的警察更加宽厚仁慈了，而仅在一个星期之前，这位警察还曾以法律的制裁来威吓我。

假如我们知道免不了要受责备的话，为什么不抢先一步，积极主动地承认错误呢？难道自己责备自己，不比别人的斥责要好受得多吗？

要是你知道别人正想指责你的错误时，你就应该在他有机会说出来之前，以攻为守，自己把他要说的话说出来。他很有可能会采取宽宏谅解的态度，宽恕你的错误——正如那位骑马的警察对我和瑞克斯一样。

一个有勇气承认自己错误的人，也可以得到某种满足感。这不仅只是消除罪恶感和自我辩护的气氛，而且有利于解决实质性问题。

布鲁士·哈威是新墨西哥州阿布库克市一家公司经理，他在给一位请病假的员工核准薪水时犯了个错误，给了他全薪。他发现这个错误之后，告诉这位员工他将在下次发放工资时再予以减扣。这位员工说这会给他带来严重的困难，因此请求分多期扣除多发的工资。但这必须由老板批准。“我知道这样做，会使老板大为不满。”哈威说，“当我考虑如何更好地处理这个问题时，我意识到这一切都是由于我的粗心造成的。因此我必须向老板承认错误。”

“我走进老板的办公室，把这错误告诉了他，但他大发脾气地说这应该是人事部门的错误，而我坚持说这是我的错误；他又大声指责这是财会部门的错误，我仍说这是我的错误；他又责怪办公室另外两个人，但我仍然坚持这是我的错误。最后，他对我说：‘那你就去改正这问题吧！’结果，这个错误改正过来了，而且没有给任何人带来麻烦。我自认为很不错，因为我可以处理这种紧急事件，而且有勇气承认自己的错误。从那以后，老板更重视我了。”

任何傻瓜都会为自己的错误作辩护——而且大多数愚蠢的人也正是这样做的。而敢于承认自己错误的人，都会获得别人的谅解，给人以谦恭、高尚的印象。

艾伯·赫巴是一位全国都为之震动不已的最具有创造性的作家，他的讽刺性文字常引起别人强烈的反感。但赫巴常常会采用他那罕有的待人处世的技巧，将他的仇敌转变为朋友。

例如，当一些恼怒的读者写信来质疑他的某篇文章，并在末尾把赫巴臭骂一顿的时候，赫巴就会这样回答对方：

“细想起来，我自己也不完全同意我自己。我昨天所写的东西，今天我也不一定全都满意。我很高兴知道你对这类问题的看法。如果下次你到附近来的时候，欢迎大驾光临，我们可以相互交流，遥祝平安。”

面对一个如此待你的人，你还能说什么？

当我们正确的时候，我们要温和地、巧妙地使别人赞同我们；当我们错的时候——如果我们对自己诚实，这是很常见的——我们就要迅速而诚挚地承认我们的错误。这不但能产生惊人的效果，而且在许多情形之下，要远远胜过你为自己辩护。信不信由你。

不要忘了这句古语：“用争斗的方法，你永远不会得到满足；但用让步的方法，你的收获将比你所期望的更多。”

所以，如果你要使别人赞同你，请最好记住：如果你错了，一定要迅速而坦诚地承认自己所犯的错误。

3 学会善待他人

假如你生气时，对人家发一顿火，你固然会觉得舒服了，但对方又会怎样呢？他也能分享到你的痛快吗？你那充满火药味的声调、仇视的态度，能使他赞同你吗？

“如果你握紧两个拳头来找我，”威尔逊总统说，“对不起，我敢保证我的拳头会握得和你的一样紧。但如果你到我这儿来说：‘让我们坐下来一起商量，看看为什么我们彼此意见不同。’那么不久我们就会发现，我们的分歧其实并不大，我们的看法同多异少。因此，只要我们有耐心相互沟通，我们就能相互理解。”

最欣赏威尔逊这些至理名言的，要数小约翰·洛克菲勒了。1915年，美国工业史中流血最多的罢工潮在科罗拉多州持续了两年。愤怒的矿工要求科罗拉多煤铁公司增加薪水，而这家公司正归洛克菲勒所有。当时，房产被毁坏，军队也被调动出来，发生了多起流血事件。

在那样一种充满仇恨的情况下，洛克菲勒却要使罢工者接受他的意见，而且他真的做到了。他又是怎样做的呢？大致的情形是这样的：他先是花了数星期的时间和工人交涉，然后又对工人代表发表演说。这篇演说可算得上一篇杰作，而且产生了惊人的效果：它不仅平息了恐吓者要把洛克菲勒吞下去的仇恨，而且使他赢得了许多赞赏者。他用极友善的态度来阐明事实，使罢工工人心甘情愿地回去工作，而不再提增加薪资的事。

这是那篇著名演讲的开始部分，且看它的字里行间所流露出来的友善精神。

要知道，听洛克菲勒这次演讲的人，几天之前还打算将他吊死在酸苹果树上。然而面对这些人，他却再仁慈、再友善不过了。

“今天，是我一生中值得纪念的日子，”洛克菲勒说道，“这是我第一次这样幸运地会见这家伟大公司的劳工代表、职员及监督们。说心里话，我很荣幸能到这里来，而且在我有生之年绝不会忘了这次聚会。如果这次聚会在两个星期前举行，我对你们中大多数人来说一定是一个陌生人，而且我也只认识少数的面孔。上星期我有机会访问南矿区所有的住户，除去外出的代表，我差不多和所有代表谈过话，我见过你们的家庭，看到了你们的妻子儿女。我们今天在这里见面，不再是陌生人，而是朋友。也正是在这种互相友善的精神中，我很幸运有这种机会，同你们讨论我们共同关心的问题。

“这是由公司职员及工人代表参加的集会。我之所以能来这里，全都是因为你们的厚爱。尽管我既不是公司职员，也不是工人代表，但我仍然觉得与你们关系亲密，因为从某方面说，我代表了股东及董事双方。”

这不是一个化仇敌为朋友的最理想的例子吗？

假如洛克菲勒采用别的方法；假如他和那些矿工争论，态度强硬地当着他们的面揭露毁坏矿场的事实来；假如他用暗示的语气告诉他们，说他们是错的；假如他运用逻辑规则来证明他们是错误的，那么结果会如何？那必然会激起更多的愤怒、更多的仇恨和更多的反抗。

如果一个人因为与你不和，并对你怀有恶感而对你心怀不满，那么你用任何办法都不能使他信服于你。责骂的父母、强硬的上司及丈夫，以及唠叨不休的妻子们应该明白：人们不愿改变他们的想法，不能勉强或迫使他们与你我意见一致。但如果我们温柔友善——非常温柔，非常友善——我们就能引导他们和我们走向一致。其实，林肯就曾有过上述看法。下面是他的原话：

“一句古老的格言说：‘一滴蜂蜜比一加仑胆汁，能捕到更多的苍蝇。’对人也是这样。如果你要让别人同意你的观点，你就要先使他相信你是他真正的朋友。”

老板们正日渐明白，对罢工者态度友善，是很值得的。例如，当怀特汽车公司的2500名工人为增加工资而组织工会罢工的时候，公司经理伯莱克没有生气和责罚、恫吓。相反，他还称赞罢工者。他在《克里夫兰报》上登广告，颂扬他们“放下工具的和平情形”。当他看见罢工纠察队的人闲得无聊时，他还给他们买了棒球棍及手套，请他们在空地上打棒球。为了讨好那些喜欢打保龄球的人，他甚至为他们租了一间保龄球室。

经理伯莱克的友善态度，即刻产生了良好的效果，唤起了罢工者内心的友善精神。于是，罢工者借来扫帚、铁铲、垃圾车，开始清扫工厂的场地。在美国罢工历史中，这种事情从未听到过。那次罢工事件在一星期之内和解结束——没有任何怀恨或怨恶情绪地结束了。

丹尼尔·韦斯特相貌出众，是一位能言善辩而且非常有成就的辩护律师。他善于用友善温和的词句在法庭上表达他那强有力的观点，例如，他会说“这一点应该请陪审团考虑”，“诸位，这也许值得想一想”，“诸位，这几件事实，我相信你们是不会忽略的”，或“由于你们对于人性的了解，很容易看出这些事实的重要”。没有威逼，也没有高压的手段，他从不将自己的意见强加于人。韦斯特用轻声细语和安详友善的方式来为人作辩护，而这正是他闻名遐迩的原因。

你或许永远不必去调解罢工潮，或对陪审团发言，但是你或许会希望房东将你的房租减少。那么，用友善的方法能帮助你吗？

工程师施劳伯希望房东能够降低他的房租，而他知道他的房东是个很顽固的人。“我写了封信给他，”施劳伯在我班上的一次演讲中说，“通知他在租期将满时，我就会搬出租住的公寓。说实在话，我并不想搬动。如果能降低我的房租，我就住下去。但依情势来看，这种希望太小了。别的房客也试过——都失败了。人人都告诉我，这个房东是极难纠缠的。但我对我自己说，我正在研究如何与人相处，所以我要对他试一试——看看结果怎样。

“他接到我的信以后，就同他的秘书一起来找我。我在门前以友好的态度迎接他，充满了善意与热心。我没有一开口就说房租太高的问题。我只是说我喜欢他这间公寓。我认为我真是‘诚于嘉许，宽于称道’。我称赞他管理有方，并告诉他我很乐意再住上一年，可是以我的经济实力确实支付不起房租。

“很明显，他从来没有从一个房客那儿得到过这种欢迎和赞扬。他简直不知如何是好了。

“然后，他开始向我大倒苦水，说出了他的困难，并抱怨那些房客。曾经有一位房客给他写过14封信，有的话简直是侮辱。还有一位房客威胁说，如果房东不能使上面一层楼的人睡觉时不打呼噜，他就要取消租约。他对我说：‘有你这样满意的一位房客，多么令人痛快。’接着，我没有请求他，他就自动减少了一部分租金。但我想再多减些，于是我提出了我所能负担的数目，他二话没说就答应了。

“当他离开的时候，他转身问我：‘你有什么屋内装饰需要我替你做的吗？’

“如果我用了别的房客所用的方法来迫使房东将房租降低，我确信我必然会遭遇到他们所遇到的困难。而这种友善的、同情的、欣赏的方法使我达到了自己的目的。”

《伊索寓言》中有关人性的哲理，现在仍适用。太阳能比寒风更快地使你脱下大衣；和善、友谊及赞赏，远比任何强权暴力更容易改变人的心意。

不要忘记林肯所说的：“一滴蜂蜜比一加仑胆汁，能捕到更多的苍蝇。”

所以，当你希望别人同意你的意见时，请记住：用友善的态度开始。

让对方多说话

大多数人都想使别人同意他们的观点，可是他们自己的话却说得太多了。尤其是推销员，常会犯这种错误。尽量让对方畅所欲言吧！对于他自己的事，他一定知道得比你多，所以你应向他多提些问题，让他讲述自己的几件事。

如果你不同意他的观点，可能会想阻止他。但一定不要这样做，那将是十分危险的。因为当他还有许多意见急着要发表的时候，他绝不会注意你的观点。所以，要有耐心，并以宽广的胸襟去倾听，要诚恳地鼓励对方充分地发表他的意见。

在商场上，这种策略有价值吗？我们且来看看下面的例子。这是某个人被迫试行这一策略的经历。

几年前，美国最大的汽车制造公司之一，正在洽谈订购下一年度所需要的汽车坐垫布。三个重要的厂家已做好了垫布样品。这些样布都已得到汽车公司高级职员的检验，并发通告给各厂家，说各厂家的代表可以在某一天以同等条件参与竞争以便公司最终确定申请方。

其中一个厂家的业务代表R先生在抵达时，正患着严重的喉炎。“当我参加高级职员会议时，”R先生在我班上叙述他的经历时说，“我嗓子哑了。我几乎发不出一点声音。我被领到一个房间，与纺织工程师、采购经理、推销经理以及该公司的总经理当面会晤了。我站起来想尽力说话，但我只能发出嘶哑的声音。

“他们都围坐在一张桌子边上。所以我在纸上写道：‘各位，我的嗓子哑了，我不能说话。’

“‘让我替你说吧。’对方总经理说。他真的在替我说话。他展示了我的样品，并称赞了它们的优点。围绕我的样品的优点，展开了一场热烈的讨论。由于那位总经理代表我说话，因此在这场讨论中，他站在我这一边，而我在整个过程中只是微笑、点头以及做几个简单的手势。

“这个特殊会议的结果，是我得到了这份合同，和对方签订了总价值为160万美元的订单——这是我曾获得的最大的订单。

“我知道，如果我的嗓子没有哑，说不定我就会失掉那份合同，因为我对于整个情况的看法是错误的，我很偶然地发现，让别人多说话是多么有益！”

费城电气公司的约瑟夫·韦伯也有同样的发现。当时，韦伯先生正在宾夕法尼亚州一个富裕的荷兰移民区进行农业考察。

“为什么这些人不用电器呢？”他经过一家管理良好的农场时，问该区的代表。

“他们是守财奴。你无法卖给他们任何东西，”那位区代表厌恶地回答说，“此外，他们还对公司很不友好，我已经试过了，没有任何希望。”

也许是没有任何希望，但韦伯决定无论如何也要尝试一下，所以他又敲响了那户农家的门。只见门打开了一道小缝，女主人屈根堡夫人探出头来。

“她一看见公司的代表，”韦伯先生讲述道，“就当着我们的面，重重地把门一摔。我再次敲门，她再一次把门打开。这次，她开始毫无保留地告诉我们她对我们及我们公司的不好的看法。

“‘屈根堡夫人’，我说，‘我很抱歉打搅了你。但我不是来向你

推销电器的。我只想买些鸡蛋。’

“她把门再打开了些，探出头来，用怀疑的目光望着我们。

“‘我注意到了你那群良种多明尼克鸡，’我说，‘我很想买一打新鲜鸡蛋。’

“门又打开了一点。‘你怎么知道我的鸡是多明尼克鸡？’她好奇地问我。

“‘我自己也养鸡，’我回答说，‘但我必须承认，我从来都没有见过比这更好的多明尼克鸡。’

“‘那么你为什么不吃你自己的鸡蛋？’她仍带着怀疑地问着。

“‘因为我的鸡下的是白壳蛋。你是一位烹调高手，当然会知道做蛋糕时，白壳蛋不如棕壳蛋好。我妻子一向对她做的蛋糕感到骄傲。’

“到这时候，屈根堡夫人放心地走了出来，到了走廊上。这时她已温和多了。同时，我的眼睛四处打量着，在院子里有一个很好看的牛奶棚。

“‘屈根堡夫人，’我接着说，‘我敢打赌，事实上，你养鸡赚的钱比你丈夫养奶牛赚的钱还多。’

“嘿！她高兴极了！确实是她赚得多！她很高兴地向我肯定了这一点，可惜她不能使她那位顽固的丈夫承认这一事实。

“她又请我们参观她的鸡房。在我们参观的时候，我留意到她制造的各种小器械，而我遵守了‘诚于嘉许，宽于称道’的原则。我向她介绍了有关食料及温度方面的情况，并就几件事征求了她的建议。片刻之间，我们就很高兴地交换了许多经验。

“过了一会儿，她说她的几位邻居在他们的鸡房中装了电灯，据说效果很好。她问我是否值得采取同样的方法。

“两个星期以后，屈根堡夫人的多明尼克鸡就在电灯的光照下满足地叫唤着、活动着。我得到了订单，而她也卖了鸡蛋，人人满意，大家获利。

“但这件事的关键在于，如果我事先不能让她说服自己，我永远不能把电器卖给这对宾夕法尼亚州的荷兰夫妇。”

“不能直接向这种人推销，你必须让他们自己主动来买。”

让对方自己说话，不仅有利于在商业方面赢得订单，而且有助于处理家庭当中的一些纠纷。例如，芭芭拉·威尔逊和她的女儿洛瑞的关系迅速恶化。洛瑞以前是个乖巧、快乐的小孩，但到了十几岁时，却与母亲的矛盾增加，不与母亲合作，有时还会为自己辩护。威尔逊夫人曾用各种办法威吓、教训她，但都无济于事。

“一天，”威尔逊夫人在我班上说，“我放弃了一切努力。洛瑞根本不听我的话，家务活还没做完，就去找她的朋友玩。她回家时，我照例骂了她一顿。但我已经没有力气了，我伤心地对她说：‘为什么会这样呢？洛瑞？’

“洛瑞看出了我的痛苦。她平静地问我：‘你真想知道？’我点点头。于是她告诉我一切情况：我从来没想过去听她的意见，总是命令她做这做那；当她想与我谈心时，我总是打断她，并且给她更多的命令。

“我开始认识到，她其实很需要我——不是一个爱发命令的、武断的母亲，而是一位亲密的朋友，使她可以倾诉烦恼和郁闷。而我过去却从来没有听她说过她自己的事。我在该听的时候，却只顾说我自己的话。

“从那次交谈以后，我总是让她畅所欲言。我和她成了好朋友，她告诉了我她的心事，我们的关系大大改善。她也再次成为一个愿意合作的孩子。”

最近，纽约《先锋导报》的经济栏目中刊登了一幅巨大的广告，聘请一位有特殊能力和经验的人。查尔斯·科勃立斯去应征了，他将应征资料寄给了某个信箱。几天以后，他接到了回信，约他面谈。在他去面谈以前，他在华尔街花了许多时间打听那个公司老板的有关情况。在面谈的时候，他说："如果能在你这家有着不凡经历的公司做事，我将十分自豪。我听说你在28年前开始创建这家公司时，什么也没有，除了一张桌子、一间办公室、一位速记员。那是真的吗？"

差不多每个成功的人，都喜欢回忆他早年的创业奋斗史。这个老板也不例外。他谈了许久，例如他如何依靠450美元现金及富有创意的思想开始营业。他还讲了他如何与失望、讥笑作斗争，如何在星期日及节假日照常工作，每天工作12～16小时，以及他最后如何战胜所有的困难。而现在，华尔街的一些要人也都到他这里来求教，他对自己的过去很感自豪。他有这种自豪的权利，并且很愿意讲述这些往事。

最后，他简单地问了问科勃立斯的经验，然后把一位副经理叫进来，并说："我想这就是我们正在寻找的人。"

科勃立斯先生曾费了许多时间去调查他未来老板的成就，而且对对方及对方的问题表现出了明显的兴趣。他鼓励对方多说话，因此给对方留下了很好的印象。

加利福尼亚州圣克拉蒙多市的洛伊·布莱德雷，正好采取了类似的方法来处理一件相反的事。在处理这件事情时，他只是静静地听着，让一个很适合担任推销工作的人做一番自我说服工作，并由这个人来负责他公司的某项工作。

洛伊在我班上讲这件事时说："理查德·普雅尔具有担任这项工作的经验。他先是和我的助手面谈，我的助手把这项工作所有的不利之处都告诉了他。当他走进我的办公室时，一副无精打采的样子。但我对他提到了一个有利之处，即我们公司是一个独立承包商，因此他实际上也是一个老板。

"当他分析了这方面的有利之处以后，他抛弃了一切不利的想法。在他谈话的过程中，几乎常常是在对自己说那些话。不过，当面谈结束时，我认为他已经说服了他自己，并决定来我公司工作。

“由于我当了一个合格的听众，使理查德有机会畅所欲言，可以在内心进行权衡，并得出了有利的结论。这正是他对自己的一次挑战。因此，我录用了他，而他也成为我们公司杰出的代表。”

事情就是这样——即使是我们的朋友，他们也宁愿我们只谈论他们的成就，而不愿意听我们夸耀自己的过去。

法国哲学家罗西法考说：“如果你想结下仇人，那你就要比你的朋友表现得更加出色；但如果你想要得到朋友，那就要让你的朋友表现得比你更出色。”

为什么这样说呢？因为当我们的朋友胜过我们时，就会使他们获得一种自重感；但是当我们胜过他们时，就会使他们产生一种自卑的感觉，并引起他们的猜忌与妒忌。

德国人有一句俗语，翻译出来大意是：“最大的快乐，便是从我们所羡慕的强者那里发现弱点，从而得到满足。”

你某些朋友会从你的挫折中得到比从你的成功中更大的满足。

所以，让我们弱化自己的成就吧。我们应该谦虚，这样才会使人永远喜欢你。埃文·考伯的方法是正确的。有一次，一位律师在证人席上对考伯说：“考伯先生，我听说你是美国最著名的作家。对不对？”

“不过是一点虚名罢了。”考伯回答说。

我们应该谦虚，因为你我都没有什么了不起的。你我都会死去，在百年之后被人忘得一干二净。生命如此短暂，我们不应对自己那些小小的成就念念不忘，使人厌烦。相反，我们要鼓励别人多说话。想想吧！无论怎样，其实你也没有多少东西可以吹嘘的。

所以，如果你想要别人同意你的观点，要遵守的规则就是：

让对方多说话。

第五章

说服别人其实很简单

从赞美和欣赏开始

柯立芝总统在任的时候，我的一位朋友应邀于周末到白宫做客。当他踱入总统的私人办公室时，他听到柯立芝对他的一位女秘书说："你今天早上穿的衣服漂亮极了，你真是一位美貌迷人的青年女子。"

这可能是沉默寡言的柯立芝一生当中给一位秘书最大的称赞了。这事如此地出乎寻常，出乎预料之外，以至于那位女秘书面红耳赤，不知所措。然后，柯立芝说："不要难为情，也不要太高兴了。我说那话，只是为了让你觉得好过些。从现在起，我希望你对标点符号稍加注意些。"

他的方法似乎太明显了一点儿，但他所用的心理策略却很巧妙。在我们听到别人对我们优点的称赞以后，再去听令人不愉快的话，心中总会好受些。

理发师在给人刮脸之前，先要在客人脸上涂肥皂，而麦金利在1896年竞选总统时，所采用的方法正是这种方法。当时有一位著名的共和党要员，写了一篇演讲词，自认为比西西洛、亨利和范勃斯德等人合起来所写的还要高明。于是他非常高兴地把他这篇不朽的演讲词大声朗读给麦金利听。尽管这篇演讲词有很多优点，但在竞选场合并不合适，因为那将会引起一场批评的风波。但麦金利知道自己不能挫伤这人的高度热忱，但他又不得不说"不"。让我们来看看他是怎样巧妙地处理此事的。

“我的朋友，这是一篇极其精彩的演讲稿，一篇极其伟大的演讲稿。”麦金利说，“再也没有人能写得比这篇更好。它在许多场合都适用，不过对这次特殊的场合，是否十分合适呢？从你的立场来看，那是非常合理而切题的，但我必须从整体立场来考虑它的影响。现在，请你回家去，根据我所指示的要点重写一篇演讲稿，并送给我一份。”

他那样照办了。麦金利又帮他做了修改，并帮他重新写了第二篇演讲稿。后来，他成为竞选班子中一位最得力的演说员。

林肯总统曾写过一封信。这封信林肯大约只花了5分钟就写完了，但在1926年公开拍卖时，它被卖到了12000美元——有必要一提的是，这比林肯辛苦工作50年的积蓄还要多。

这封信是在1863年4月26日写的。接连18个月的工夫，林肯手下将领率领的联军连遭惨败，全国上下人心惶惶，数千名士兵成了逃兵。就在这种黑暗、忧愁、混乱的局势下，林肯写了这封信。

我将这封信附在这里，因为它展示了林肯是如何改变一位趁势作乱的将军的，而当时北方军队的成败命运必须依靠这位胡克将军了。

这恐怕是林肯担任总统以后，所写的最严厉的一封信了，但你会看到他在指出这位将军的严重错误以前，先称赞了他。

是的，那些错误确实很严重，但林肯并没有这样指明。

下面就是林肯写给胡克将军的信：

“我已经任命你为波多麦克军队的长官。当然，我之所以这样做，自然有我很充分的理由。不过我想，最好还是让你知道，对于有些事，我对你并不十分满意。

“我相信你是一位勇敢多谋的将军，那当然是我所喜欢的。我也相信你不会将政治与你的军职混淆起来，在这件事情上，你做得很不错。你对自己很有信心，这正是一种极有价值的，同时也是不可或缺的性格。

“你有雄心壮志，这在相当范围内，是有益而无害的。但我认为，在柏恩赛将军统领军队时，你曾表现出你自己的个人野心，竭力地阻挠他，你在这件事情上，对国家，以及对一位功勋卓著、享有盛誉的军官来说，都是极大的过错。

“我曾听说，你最近曾说军队与政府都需要一位独裁者。当然，我并不是因为这个，而是我并不在意这种说法，才授予你军队统率权的。

“只有赢得胜利的将领，才有可能成为独裁者。我现在对你所要求的，是军事上的胜利，所以不惜冒独裁的危险。

“政府将尽一切能力帮助你，正如以往及今后对于所有将领的支持一样。我十分担心你以前带到军队中的那些思想——批评及不信任将领，现在将回报到你的身上。我会尽力帮助你肃清这种思想。

“当这种思想在军队中蔓延时，无论是对你还是对拿破仑——如果他还活着，都绝不会有什么好处。现在，你千万要小心，绝不可轻率从事。注意，绝不可轻率从事，但要以充沛的精力和永不疲倦的努力前进，并带给我们胜利。”

你不是柯立芝、麦金利或林肯。你只想知道，这些哲学是否能在你的日常生活中为你所用，并产生实效，是吗？让我们拿费城华克公司的高伍先生为例来说吧。高伍先生是和你我一样的普通人。他是我在费城所举办的一个辅导班的学员。他在班上的一次演说中讲述了这样一件事。

华克公司在费城承包了一项建筑工程，并要求在一个指定的日期内完工。每件事情开始都进行得很顺利，这项工程很快就要完成了。这时，负责供应外部装饰铜器的承包商突然说不能按期交货。什么？整个建筑工程都要搁浅？

打长途电话、激烈地争执，全都没有用。于是高伍先生被派往纽约去找对方的经理面谈。

“你知道你的姓名在布鲁克林区是独一无二的吗？”高伍先生走进这位经理的办公室时，这样问道。这位经理很惊异：“不，我可不知道。”

“哦，”高伍先生说，“当我今天早上走下火车后，查看电话簿找你的家庭住址时，在布鲁克林区的电话簿中只有你一个人叫你这姓名的。”

“我可一直都不知道。”这位经理说。他开始很有兴趣地查看电话簿。“啊，那不是普通的姓名，”他自豪地说，“我的家庭大约是在200年前从荷兰迁到纽约来的。”他接着谈论他的家庭及祖先，长达几分钟。

当他说完后，高伍先生开始恭维他有那么大的一个工厂，并且比他曾参观过的几家同样的工厂更好。“这是我所见过的最清洁的一个铜器厂。”高伍先生说。

“我花了一生的心血，经营这份事业。”这位经理说，“对此我很感到自豪。你愿意参观一下工厂吗？”

在参观的时候，高伍先生又赞扬了他的管理组织系统，并告诉他为什么他的工厂看来比他的几家竞争者要好，以及好在哪里。高伍先生提到了这工厂中几种特殊的机器，这位经理宣称那些机器是他自己发明的。他特别花了许多时间带高伍先生去看那些机器，还解释它们是如何运转工作，以及产品如何精良等。他坚持要请高伍先生吃午餐。

你要注意，高伍先生一直对他的访问目的还只字未提。

吃完午餐以后，这位经理说：“现在，我们谈正事吧。自然，我知道你是为什么来的。我没有想到我们的聚会如此愉快。你可以回费城转达我的许诺，即使其他生意我不得不延迟，你的材料我也将保证按期做好并运到。”高伍先生甚至没有任何请求，就得到了他所需要的东西。结果，材料按期交到，建筑工程在包工合同期满的那天竣工了。

如果高伍先生采用平常人在这种情形下所用的争执吵闹的方法，会有这样的结果吗?

新泽西州的福特蒙马斯市有一位联邦信用合作社分行经理鲁布卢斯基夫人，她在我班上讲了她如何帮助她手下员工提高工作效率的事。“最近，”鲁布卢斯基夫人说，“我们雇了一个女孩当实习出纳。她与顾客的关系很好，在处理问题时效率很高。但有一天结账时，却出了问题。

“于是出纳部经理来找我，强烈要求解雇她。这位经理对我说：‘她耽误了大家的工作。我不知教了她多少次，可她太笨了，一定得辞掉她。’

“第二天，我见这个女孩处理业务时确实非常迅速，而且与顾客相处很愉快。但没过多久，我就发现她在结账时又出了问题。

“下班以后，我找到她。她显得很不安。我夸奖了她的友善和工作热情，以及她工作时的速度。我建议她将现金平衡过程复习一下。她感受到了我对她的信任，放松了心情。以后，她再也没有出过错。”

用赞美的方式开始，就好像牙科医生用麻醉剂一样，病人仍然要经受钻牙之痛，但麻醉剂却能消除这种痛苦。

所以，要想批评别人，却不触伤感情或引起别人反感，那就请从称赞及真诚的欣赏着手。

旁敲侧击地给别人提建议

一天下午，查理斯·斯瓦布路过他管理下的一家钢铁厂，他看见有员工在吸烟。然而，他们的头顶上就有一条“禁止吸烟”的标语。斯瓦布有没有指着标语，问那些员工：“你们不识字吗？”不，他没有。他走上前去，每人发了一支雪茄，说：“小伙子们，如果你们在外面抽烟的话，我会十分感谢的。”这些小伙子也意识到自己违反了规定。他们都很敬仰斯瓦布，因为他不但没有因此斥责他们，还给了他们一点小小的礼物来让他们觉得自己很重要。你能控制住自己不喜欢上这样的人吗？

约翰·瓦纳马克是费城最大的百货公司老板。他也会运用这种方法。

一次，他看见一位顾客站在柜台外等着买东西。可是，售货员却不知道跑到哪里去了。最后，瓦纳马克发现几个售货员挤在远处的一个角落里，谈笑风生。瓦纳马克没有说一个字，只是独自走到柜台后面，亲自招呼这位顾客。然后，他只是让售货员把顾客选定的商品拿去包好，便离开了。

服务人员经常因为没有及时提供服务而被批评。他们都很忙，而且也不愿意让那些顾客去找他们老板的麻烦。

佛罗里达州奥兰多市的市长卡尔·朗福德经常告诉他的助理，有什么问题就让老百姓来找他。他宣布执行了他的“开门政策”。然而，市民遇到问题想找市长的时候，却被他的助理拦在了门外。

最后，市长终于想到了解决的办法。他把他办公室的门给卸了，而他的助理也明白了市长这样做的含义。

很多人习惯先抑后扬，然后用“但是”过渡到对别人的批评。例如，为了改变一个小孩子学习上粗心大意的坏毛病，我们可以说：“我们真想好好表扬你，你这学期成绩进步了不少，但是，如果你在代数方面再专心些的话，结果会更好的。”

在这种情况下，小孩也许会感觉到一些鼓励，但是一听到“但是”，就知道要受批评了。他便开始怀疑你对他的表扬是不是真心的。对他来说，开始的表扬好像是事先设计好了的，而后面的批评才是真正的目的。这种表扬的可信性会大大减弱，很有可能最后什么效果也起不到。

我们应该把这段话中的“但是”改成“而且”。“我们真想好好表扬你，你这学期成绩进步了不少，而且，如果你在代数方面再专心些的话，结果会更好的。”这样的话，小孩就更容易接受这种表扬，因为这次表扬没有紧随其后的批评。我们间接让他改掉了自己的坏毛病，而且结果很有可能达到我们的预想。

旁敲侧击地提醒别人的错误，常常会取得很好的效果，特别是对那些敏感的人。这样就不会刺激到他们，也不会导致他们直接的反驳和埋怨。罗德岛州文所基特的麻吉·雅各布讲述了他是如何让一帮普通的工人在帮他做完木工活后又清理干净他的草坪的。

这些工人刚开始工作了几天，雅各布留意到他院子的草地上散布着木头的残屑。他并不想引起工人的不满，因为这些工人做的木工活实在很不错。当工人下班离开之后，他和他的孩子们一起来把草坪上的锯木屑都扫到了院子边的角落里。第二天早晨，他把工头叫过来说："你们昨天离开时，草坪清理得很干净。这点，我真的很高兴。你们工作得很出色，没有影响到我的邻居。"从那天起，每天这些工人离开之前，都会把锯木屑扫到墙角的角落边。队长每天在他们收工之前都会亲自去检查前面草坪是否干净，希望再次获得雅各布的赞扬。

在1887年3月8日，雄辩家亨利·沃德·比切去世了。第二个星期日，莱曼·安博特被邀请去比切的葬礼上致辞。为了做到最好，安博特反复地改稿子，一遍，两遍，三遍……然后，他把悼文读给他的妻子听。这篇悼文很一般——就如同绝大多数的悼文一样。他的妻子本来会说："莱曼，这一点都不好。不会起到作用的。只会让人们昏昏欲睡。这听起来像是一本百科全书。你怎么可能写出这种东西呢？你为什么不能像一个正常人那样说话呢？如果你真要当着众人读这篇悼文的话，我们的脸都会被你丢光的。"

但是，如果她真的这样说了，我们应该清楚下面将会发生什么。于是，她只是轻描淡写地说道，如果这篇悼文拿到《北美文化批评》上去发表，肯定会是一篇不错的文章。换句话来说，她赞扬了这篇文章，而且同时也暗示这篇文章如果作为一篇悼文，不会收到相同的效果。莱曼·安博特也发现了这个问题，撕掉了他精心准备的手稿。

保全别人的面子

多年前，通用电气公司遇到一件很麻烦的事：免除查尔斯·史坦麦某部门主管的职务。史坦麦是电器方面第一流的天才，但是担任会计部主管，对他来说实在是英雄无用武之地。但公司又不敢得罪他，因为他是不可或缺的人才——并且史坦麦极敏感，所以公司决定授予他一个新的头衔——他们让他担任通用电气公司顾问工程师的职务——他还干他的老本行，只不过换了一个新头衔——至于会计部主管，则由别人担任。

史坦麦很高兴。

通用电气公司的高管们也很高兴，他们通过巧妙安排，调动了这位最富才气的重要人物，而且没有引起任何风波——因为他们让他保住了面子。

使他保住面子，这是多么重要，多么多么的重要啊！而我们中却极少有人能够想到这一点。我们无情地蹂躏别人的感情，为所欲为，挑差错，发出威胁，当着别人的面批评一个孩子或一个员工，而不考虑对别人自尊的伤害！然而，几分钟的思考、一两句体贴的话、对对方态度的宽容，对于减少这种伤害都会大有帮助！

下次，如果我们再想做出解雇仆人或职工的决定时，一定要记住这一点。下面我援引一下会计师格莱格信中的内容。

“对老板来说，辞退员工并没有什么乐趣。但由于我们的工作具有季节性，所以我们必须在3月让许多人离开公司。

“在我们行业中，有一句老话‘没有人喜欢抡斧头’。因此，我们养成了一种习惯，将事情处理得越利索越好。以下是我们通常采用的沟通方法：‘请坐，某先生。这个季度已完，我们似乎再没有什么工作给你干了。当然，你也明白，你只是在最忙的季节受雇帮忙的。’等等。

“这些话会给这些人带来失望，给他们造成一种‘被遗弃’的感觉。他们中大多数人终身从事会计工作，他们对草率辞退员工的公司，自然不会怀有特别的爱心。

“最近我决定多用一点技巧与体谅，以遣散公司多余的员工。因此，我在仔细考察了每个人在冬季的工作表现之后，把他们一一叫进来。我对他们这样说：‘某先生，你的工作成绩极好(如果真好的话)。那次我们派你去纽瓦克，给了你一项很艰苦的工作。虽然困难重重，但你仍完成得很圆满，我们希望你能知道，公司很以你为荣。你有真实本领——不论你在哪里工作，都将前途远大。本公司相信你，并将永远支持你。希望你不要忘记这一切！’

“结果呢？这些人走了以后，对于被辞退的感觉好受了许多。他们不觉得是‘被遗弃’，他们知道，如果我们有工作给他们做，我们一定会留下他们的。而当我们需要再用他们的时候，他们会带着深切的私人感情，重新投靠我们。”

在我的班上，有一个学期有两位学员曾讨论挑剔错误的负面效果和让人保住面子的正面效果。宾夕法尼亚州哈里斯堡的佛瑞·克拉克讲述了一件发生在他公司里的事：

“在我们的一次生产会议中，一位副董事就某个非常尖锐的问题，质问一位生产监督员，这位监督员是负责管理生产流程的。他的语调不仅充满了攻击性，而且很明显就是想指责是那位监督员处置不当。为了不让自己受到羞辱，这位监督员回答得含混不清。这一来，使得这位副董事发起火来，不但痛斥这位监督员，并指责他在说谎。

“公司之前所有的工作成绩，都毁于这一刻。这位监督员，本来是一位很负责的人。几个月之后，他离开了我们公司，去另一家竞争对手那里工作。据我所知，他在那里干得非常称职。”

另一位学员安娜·马佐尼则讲了她工作中一件非常相似的事，所不同的是处理的方式和结果。马佐尼小姐是一位食品包装业的市场行销专家，她的第一份工作是某项新产品的市场调查。她在我班上说：“当调查结果出来时，我可真的惨了。由于我在计划时犯了一个极大的错误，整个调查都必须重新再做一遍。更糟的是，我在下次开会要提出这次计划的报告之前，没有时间和我的老板讨论。

“轮到我报告时，我真是非常不安。我尽全力不使自己崩溃，因为我知道我绝不能哭，否则会让那些人以为女人太情绪化而无法担任行政业务。我那次的报告很简短，只是说因为发生了一个错误，我会在下次会议前重新研究。我坐下后，心想老板一定会训我一顿。

“但是，他只是感谢我的工作，并强调说在一个新计划中犯错并不稀奇。而且他有信心，我的第二次调查会更准确，对公司更有意义。

“散会之后，我的思想很乱。我下定决心，我绝不会再让我的老板失望。”

假使我们是对的，别人绝对是错的，我们也会因为使别人失去颜面而毁了他的自尊。法国作家安东安娜·德·圣苏荷伊曾写过：“我没有权利去做或说任何事来贬低一个人的自尊。重要的不是我觉得他怎么样，而是他觉得他自己如何。伤害人的自尊是一种罪。”

所以，一位真正的领导者会遵行……

已故的德怀特·马洛有一种奇妙的能力，能使两个好斗者和解。这是一种怎样的能力呢？他会小心谨慎地找出双方各自都正确的一面，对此加以称赞和强调，且慎重而小心地把它们表现出来——无论如何解决，他从不指责任何人有错误。

每个公证人都知道这一点——使别人保住他们的面子。

世界上任何真正伟大的人，其伟大之处正在于不将时光浪费在个人成就的自我欣赏中。例如：

1922年，土耳其人在被压迫了数百年后，决心将希腊人永远驱逐出土耳其的领土。

穆斯塔法·凯末尔将军对他的士兵们做了一篇拿破仑式的演讲。他说："你们的目的地，就是地中海。"于是，世界近代史上的一场战争开始了。

最终，土耳其人获胜了。当两位希腊将军——黎科彼斯和狄亚尼斯到凯末尔将军的司令部投降时，土耳其人对被他们击败的仇人痛加辱骂。

但凯末尔将军丝毫没有显示胜利者的骄傲。

"二位请坐，"他拉着他们的手说，"你们已经极度疲倦了。"在详细讨论投降事宜之后，他又安慰了因战败而遭受打击的希腊将军。"战争，"他平静地说，"是一种竞技，即便是最优秀的人，有时也会失败！"

即使在胜利的光荣之下，凯末尔将军仍牢牢记住了这项重要的规则：使对方保住面子。

4 谦逊地表达自己的意见

如果你想要得到一些关于待人处世、自我控制、增进品德修养的有益建议，不妨读一读本杰明·富兰克林的自传——这是一本极吸引人的传记，也是美国文学史上的名著之一。

在这本自传中，富兰克林讲述了他如何克服好争辩的陋习，使自己成为美国历史上最能干、最和蔼、最善于外交的人。

当富兰克林还是一个年轻人时，有一天，一位朋友将他拉到一边，用尖酸刻薄的话训斥了他一顿。那几句话大致如下：

“你可真是无药可救。你嘲笑、攻击每一位和你意见不同的人。你的意见太不切实际了，没人接受得了。你的朋友甚至会觉得，如果你不在场的话，他们会更加自在。你知道得太多了，没有人能再教你什么东西了，而且也没有人愿意去做这种费力不讨好的事。所以你不可能再学到新知识了，而你现在所知的却又十分有限。”

据我所知，富兰克林最大的优点之一，是他接受尖刻责备时的态度。他改掉了陋习，立刻抛弃了他的骄傲、固执的态度。

“我订下一条规矩，”富兰克林说，“绝对不许自己武断行事，不允许自己伤害别人的感情，甚至不准说‘绝对’之类肯定的话。我甚至不允许自己在语言文字中使用过于肯定意思的字眼。我不再说‘当然’、‘无疑’等，而代之以‘我想’、‘揣度’，或‘我想象一件事可能是这样或那样’，或‘目前在我看来是这样’。当别人说了些我明知其错误的话，我也不再冒冒失失地反驳他，不再立即指出他的错误。我会在回答时，先说‘在某种情况下，你的意见不错；但在现在的条件之下，我认为事情或许会……’之类的话。很快我就看出我这种改变态度的收获，我所参与的许多谈话，气氛都愉快融洽多了。我以谦逊的态度表达自己的意见，不仅更让人容易接受，而且还减少了一些冲突。当我犯了错误时，我也很少会难堪，而我自己碰巧对的时候，更容易使对方不再固执己见，转而赞同我。

“我最初采用这种方法时，的确与我的本性相冲突，但是后来时间一长也就越来越习惯了。在过去的50年中，可能还没有人曾听到过我说出一句太武断的话。当年我提议新法案或修改旧条文的时候，之所以能得到民众的重视，并且当我成为议员后能具有相当大的影响力，这些大都要归功于这一习惯。虽然我并不善于辞令，也没有什么口才，谈吐也比较迟疑，甚至还会说错话，但一般来说，我的意见还是得到了广泛的支持。”

如果将富兰克林的方法用在商业领域中，效果将会如何？我们看下面的例子：

凯瑟琳·阿尔弗雷德是北卡罗来纳州王山市一家纺纱厂的工程总监。她在我班上讲述了她接受训练之前和之后，处理敏感问题的不同方法：

“我的工作的一部分，”她介绍说，“就是设计并保持各种方法和标准，来激励公司的员工，促使员工能生产更多的纱线，而她们也可以由此挣更多的钱。当我们只生产两三种纱线时，我们采用的方法和标准还算过得去。但我们最近扩大了项目，提高了生产量，计划生产12种以上的纱线，这时原来的方法就不管用了，员工既不能按要求生产出所需要的纱线，而且她们也拿不到原有的报酬了。于是，我设计了一套全新的标准，这样员工就可以根据她们生产的纱线质量，获得合理的报酬，产量也将会随之上升。我在一次会议上向公司的管理层介绍了这套新标准，并希望他们也相信它是正确的。为此，我从各方面指出了以前那套老办法的错误之处，希望得到他们的赞同。可是，我完全错了！我急于为新的方法做辩护，没有给这些人留面子，使他们认识到以前的错误。这样，我的新标准还没被采用就寿终正寝了。

“我参加了这个辅导班，上了几堂课之后，就意识到了我所犯的错误。我建议再召开一次会议。在这次会议上，我请他们指出问题到底出在何处。我们就每一个要点展开了讨论，并请他们拿出解决方案来。而我则在适当的时候，引导他们按照我的思路来提建议。当会议结束时，我所要提的方案实际上也就出来了，而他们也非常赞同这套方案。

“现在，我相信如果你径直指出某个人的错误，那么不仅不会收到好的效果，而且还会适得其反。你指责别人，是在剥夺别人的自尊，并使自己成为不受欢迎的人。”

第六章

突破语言障碍，大胆地表现自己

没有天生的演讲家

无论如何，都不会有任何一种动物是天生的大众演讲家。在历史上某些时期，当众演讲被视为一门精致的艺术，演讲时必须谨遵修辞法与优雅的演讲方式，因此那时想成为一名优秀的演讲家十分困难。但是今天我们却将当众演讲看成一种交谈，只不过是交谈的范围有所扩大而已，从前那种边说边唱的演讲方式一去不复返了。

我们无论是和他人共进晚餐，还是在家里看电视，都愿意听到率真的语言，彼此之间根据常理来思考，诚恳而专心致志地讨论问题，而不是某些人对着我们夸夸其谈。当众演讲并不是一门封闭的艺术，它也不像许多教科书中所说的那样，必须经过多年的美化声音以及十分艰苦的修辞学训练之后才能取得成功。

我的教学生涯致力于向人们证明一点：即当众演讲其实并不困难，只要你能遵循一些简单却又十分重要的规则就可以了。

有这样一个演讲成功的例子：已故的格力奇公司董事长大卫·格力奇先生，有一天来我的办公室对我说："在我的一生中，每次面对众人讲话时，总是惊恐万状。而我作为董事长，又不能不主持会议。董事们相互间十分熟悉，大家围着桌子谈话时，我能够对答如流，没有什么障碍。但是当我站起身时，就会有一种莫名奇妙的惊恐，一个字也说不出来。这种情况已持续多年了，我觉得十分严重，我现在想知道你是否能给我一些帮助。”

“噢，”我说，“既然你对我是否能给你帮助表示疑惑，那你为什么还来找我呢？”

“因为，”他回答说，“我有一个会计，他为我专门负责处理私人账目。他原本是一个十分害羞的小伙子。他每天进自己的办公室时必须经过我的办公桌。许多年来，他一直都是蹑手蹑脚的，十分小心，双眼紧盯着地面，连头都不敢抬，也难得说一个字。但是，他最近却改头换面了，变得神采奕奕，走进办公室时也敢抬头挺胸了，并且还大大方方地向我问好。我对他的这种变化十分惊讶，于是问他为什么会发生这种改变。他告诉我说他参加了你的训练课程。正是因为看到这个小伙子的改变，我才来寻求你的帮助。”

我对格力奇先生说：“你要定期来上课，并且严格按照我的要求进行训练。不出几个星期，你就敢在大众面前讲话了。”

“如果你真的能改变我，”他回答说，“那我可真的会成为全美国最快乐的人了。”

他坚持上课，并且进步神速。3个月后，我邀请他参加了一次宴会，地点是在阿斯特饭店舞厅，参加者有3000人。我希望他谈一谈自己是如何从演讲训练课程中获益的。由于他事先有约会，他对自己不能前来表示歉意，但是第二天他又给我打电话说自己要来。他说：“我把约会取消了。我很高兴为你演讲。我要告诉人们这次训练带给我的好处，用我自己的故事来激励人们，消除他们内心的恐惧。”

我给了他两分钟时间演讲，结果他面对着3000人，足足说了十多分钟。

类似这样的奇迹，我曾亲眼见过好几千次。许多人的人生也因为参加了这项训练而得到彻底改观：一些人在职场中获得了梦寐以求的提升，而另一些人则在商场上大大获利。有时候，一场演讲就足以办成一件重要的事情。

集中全部精力，时刻不忘自信与侃侃而谈的演讲能力，对你而言十分重要：想想由此结交的朋友在社交方面对你的重要性，想想自己为大众、为社会服务的能力将大大增强，想想它对你的人生和事业所产生的深远影响……总之，它将为你在将来领袖群伦而铺平道路。

国家现金注册公司理事会会长、联合国教科文组织主席艾林，在《演讲季刊》中写了一篇文章《演讲与领导在事业上的关系》。他在文章中说："在历史上，经商的人当中，有不少人是凭借在演讲方面的杰出表现而获得赏识的。许多年前，有一位青年，他当时还只是堪萨斯州一个小分行的主管，但是当他发表了一场无比精彩的演讲之后，今天成了我们公司的副总裁，掌管所有业务的拓展。"而我正好还知道，这位副总裁正巧是现任国家现金注册公司总裁。

能够从容不迫地站起来当众演讲，将使你的前途不可估量。在我的训练班里，有一个名叫亨利·伯莱斯通的学员，他是美国舍弗公司的总裁。他曾这样说过："和别人进行有效的交谈，并争取到他们的合作，是每一个努力追求进步的人所必须具备的一项能力。"

学习有效地当众演讲，其好处不仅是可以做正式的公开演讲，事实上，即使你一辈子都不需要正式公开演讲，但接受这种训练仍有许多好处。例如，当众演讲的训练，可以帮助你培养自信。因为一旦你发现自己能够站出来，口齿伶俐、有条不紊地对着众人讲话时，那么你一定会更有信心和勇气。

很多来上我的"成功演讲"课程的人，都是因为在社交场合中感到害羞和拘束。当他们发现自己站着和同事讲话天也不会塌下来时，便会发现自己当初的拘束是多么幼稚可笑。他们在训练过程中培养出来的自然洒脱的气度，显然让他们的家人、朋友、事业伙伴和顾客刮目相看。

许多训练班的学员也都是因为看到身边的人通过训练，使其个性发生了巨大的变化，才慕名来上课的。

这种类型的训练，也会在不同方面影响到人的个性，但不一定能立即显现出来。不久前，我曾问大西洋城一位外科医师、美国医药学会会长大卫·奥曼博士，就心理和生理健康而言，接受当众演讲训练有什么好处？他微笑着说："回答这个问题，最好是开一个处方。这个处方在药房里是抓不到药的，每个人得自己给自己配药；如果他认为自己不行，那他就错了。"

我的桌上就放着这份处方，我每读一次，就觉得有所收获。以下便是奥曼博士给我们开的处方：

"努力培养一种能力，让别人能够走进你的脑海和心灵。试着面对独处的人，或者在大众面前清晰地表达你的思想和理念。当你通过这种努力不断地获得进步时，你便会发觉：你——你的真正自我——正在塑造一个崭新的形象，并使你身边的人产生一种前所未有的惊异。

"你可以从这个处方中，获得双倍的益处。当你试着开始和别人讲话时，你的自信心也会随之增强，你的性格也会变得越来越温柔而美好。这就意味着你的情绪已经渐入佳境。既然情绪渐入佳境，那么身体状况也就会随之好起来。在我们现在的这个世界上，无论是男女老少都需要当众讲话。我并不清楚这在工商业中究竟会带来什么利益，但我听说它有无穷的好处。不过我的确了解它对于健康的益处。只要一有机会，就对几个人或许多人说话——你将会越说越好，我自己就是这样。同时，你会感到神清气爽，觉得自己完美无缺，而这是你从前所感受不到的。

"这是一种舒畅而美妙的感觉，没有任何药物能给你这种感受。"另一种指引便是想象你自己正在成功地做着你目前所害怕的事，想象你已经能够当众讲话，并且被大家接纳，由此获得了很多益处。一定要牢记威廉·詹姆斯的话："假如你对结果足够关心的话，你一定会想办法实现它。"

2 不打无准备之仗

几年前，有一位地位显赫的政府官员在纽约扶轮社的午餐会上担任主讲人，大家都在等着他开始演讲。

我们发现他没有提前做好准备。他开始想发表一番即兴演讲，结果却不知该说些什么。于是，他从口袋里掏出一叠笔记，然而笔记非常杂乱。他手忙脚乱地在这些笔记中翻来翻去，但没有找到任何有用的东西，因此说话时就显得更加尴尬而笨拙。

时间一分一秒地过去，他感到越来越绝望，也越来越不知道该讲些什么。他不停地向大家道歉，还想从笔记里找出一点头绪来。他用颤抖的手端起一杯开水，凑到发干的唇边。此情此景实在是惨不忍睹——他完全被恐惧击倒了，而这一切只是因为他没有提前做好演讲的准备。最后，他只好坐下来。这一次，我看到的是一个最没面子的演讲家的形象。

1912年以来，我出于职业原因，每年都要担任5000多次演讲的评判员。这给我上了最重要的一课：只有做好充分准备的演讲者，才能具备完全的自信。这好比上战场却带着不能用的武器，而且不带半点儿弹药，又何谈攻城略地呢？林肯说："如果我无话可说时，就算是年纪一大把，经验一大堆，也会很难为情的。"

假如你想培养自信，那你为什么不为演讲做好充分的准备呢？已故的诺斯克里夫爵士，从一个薪水微薄的小职员，经过长期不断的努力而成为英国最富有、最有影响力的报纸老板。他说法国哲学家巴斯葛的一句话对他最有帮助，这句话是："预先计划，就能领先。"

发明大王爱迪生就曾抄下雷诺德爵士的一段名言，把它钉在工厂的墙上："成功之道，唯有用心思考，别无捷径。"

丹尼尔·韦伯斯特也说："如果他不做好准备就出现在听众面前，就像是没有穿衣服一样。"

下面是几条相关建议，它们会使你演讲前的准备工作做得更加充分。

（1）不要逐字背诵演讲稿

"充分的准备"难道就是逐字背诵演讲稿吗？当然不是。为了保护自己，以免在听众面前大脑一片空白，许多演讲者会首选记忆演讲稿。一旦犯了这种毛病，就会浪费时间做这样的准备，而这样做只会毁掉整个演讲。

写好演讲稿并背下来，不但浪费时间和精力，而且容易导致失败。我们平时与人说话都是很自然的事，从不会费心思推敲字眼。我们随时都在思考，当思想清晰时，语言就会像我们呼吸的空气，在不知不觉中自然流出。

英国首相温斯顿·丘吉尔也是通过经验教训才学到这一课的。丘吉尔在年轻时也经常写演讲稿、背演讲稿。但是有一天，他正在英国国会上背诵他的演讲稿的时候，突然思路中断，大脑一片空白。他十分尴尬，同时也感到了一种羞辱。他重复一遍上一句，但还是什么也想不起来，他的脸立即变成了猪肝色。他只好颓然坐下。从此以后，丘吉尔再也不背演讲稿了。

如果我们逐字背诵演讲稿的话，面对听众的时候会很容易因为紧张而遗忘。而且即使没有忘记，讲出来的内容可能也很呆板。为什么呢？

因为它不是发自我们的内心，只是出于记忆。我们私下与别人交谈时，总是会一心想着要说的事，然后直接说出来，并不会特别留心词句。既然我们平时都是这么做的，现在却又为什么要改变呢?

我听说过很多人都背演讲稿，却不知道有谁把演讲稿扔进废纸篓后，反而说得更生动、更有效果，也更人性化。其实，扔掉演讲稿，或许会忘掉其中一些内容，说起话来也有些散乱，但至少会更有人情味。

林肯曾说过："我不喜欢听枯燥乏味的演讲。当我听人演讲时，我喜欢他像在跟蜜蜂搏斗一样。"他喜欢听演讲者自由而随意地发挥，做激情澎湃的演讲。

（2）预先整理思路

那么，准备演讲的恰当方法是什么呢？让我来告诉你吧。你要留心生活中那些有意义的、曾经给过你指引的关于人生内涵的经验，然后对这些经验中的思想、理念、感悟等进行汇集整理。真正有用的准备，是对演讲题目的思考。查尔斯·雷诺·伯朗博士多年前在耶鲁大学演讲时说："谨慎思考你的题目，酝酿成熟之后，它会散发出思想的馨香……再把这些思想简要地写下来，只要能表达清楚概念即可……通过这样的整理，那些零散的片段就很容易安排和组织了。"这听起来并不难吧？事实上也确实不难，你只需要有一点专注和思考就行了。

（3）进行预讲

当你的准备工作进行到一定程度的时候，要不要试讲一下呢？这是完全必要的。这可以保证你万无一失。把你的想法告诉朋友或同事时，没有必要全部讲出来，只需要在吃午餐时，朝他倾过身去，用下面这样的话谈起："乔，你知不知道我那天遇到了一件不同寻常的事？"乔可能愿意听你的故事。这时，你就要仔细观察他的反应，看看他有什么想法，说不定他会给你提出有价值的建议。他并不知道你是在预演，而且即使知道也没关系，他或许会对你说："聊得真痛快。"

杰出的历史学家艾兰·尼文斯对作家也有类似的忠告："找一个对你的题材感兴趣的朋友，把你的想法详尽地讲给他听。通过这种方式，可以帮助你发现可能遗漏的见解、事先无法预料的争论，并找到最适合讲述这个故事的形式。"

（4）积极地暗示

当众说话要采取正确的态度，因此有必要给自己某些积极的暗示。这时不妨试试下面的方法：

①确定演讲题目的意义

题目选好之后，根据计划加以汇集整理，并和朋友聊聊，但这样的准备工作还不是很充分。你还要让自己确信这个题材是有意义的，必须具备坚定的态度，以此来激励自己、坚信自己。怎样才能让自己确信这一点呢？这就要你详细研究题材，抓住其中更深层的意义，告诉自己，你的演讲将有助于听众，他们听过之后会成为更优秀的人。

②避免想令人不安的事情

举例来说，假如你设想自己可能会犯语法错误，或中间突然讲不下去，这些消极的想法很可能会使你在开始演讲之前便没有了信心。演讲之前，尤其重要的是要将注意力从自己身上移开。要集中精神听别的演讲者在说什么，把你的注意力放在他们身上，这样就不会给你造成过度的登台恐惧了。

③给自己打气

除非有可以为之牺牲的远大目标，否则任何一位演讲者都会对自己的题材产生怀疑。他会问自己适不适合这个题目，听众会不会感兴趣等，因此很可能在一念之间就更改题目。这时候，消极的思想极有可能彻底毁灭你的自信，所以，你应该先给自己打气，用浅显的话告诉自己：这次演讲是很适合你的，因为它来自你的经验，来自你对生命的看法；而且你比任何一个听众都更适合来做这番特殊的演讲；你当然也会全力以赴，把它讲得清清楚楚。

这种古老的方法真的有用吗？是的。现代实验心理学家们都同意，这种由自我暗示而产生的动机，即使是假装的，也会成为人们快速学习的最有力的诱因之一。那么，既然如此，根据事实所做的真诚的自我激励，它的效果就会更好了。

④表现出十足的信心

美国最著名的心理学家威廉·詹姆斯曾做过一番论述："行动似乎紧随于感觉之后，但事实上却是与感觉并行的。行动在意念的直接控制之下，通过制约行动，我们也可以间接地制约感觉，但感觉却不受意念的直接控制。因此，假如我们失去了原有的自然的快乐，那么，让你自己变得快乐的最佳方法，就是快快乐乐地坐着或者说话，让你表现得自己本来就很快乐一样。如果这种方法还不能让你觉得快乐，那就没有别的办法了。所以，让自己感觉自己很勇敢，而且表现得好像真的很勇敢，运用你所有的意念去达到这个目标，那么勇气就很可能会取代恐惧感。"

记住詹姆斯教授的忠告吧。为了培养信心和勇气，面对观众的时候，你不妨表现得好像真具有那种信心和勇气一样。当然，这个前提是必须做好充分的准备，否则再怎么表现也不会起作用的。如果你对自己所要讲的内容已经了然于胸，那就轻松地大步迈出，然后做一次深呼吸。深呼吸30秒，可以给你提神，给你信心和勇气。杰出的男高音歌唱家简·德·雷斯基常说，你如果胸有成竹，那么紧张感自然就会消失。

如果你怀疑这种理论，可以找我班上任何一个同意这种观点的学员谈谈，不出几分钟，就会让你消除疑虑。如果你没有机会和他们交谈，就听听一个美国人说的话吧。他常常被视为勇气的象征，但他也曾经非常胆小，后来通过这种训练之后，才成了最勇敢的人士——他便是反托拉斯斗士、常常左右听众、挥舞着巨杖的美国总统西奥多·罗斯福。

他在自传里这样说："小时候我总是病怏怏的，又很笨拙。年轻时，我最初既紧张又没有自信心，因此不得不艰难而辛苦地训练自己，不只对身体，而且对灵魂和精神进行各种训练。"

他讲述自己蜕变的经过时说："孩提时代，我在马利埃特的一本书里读到一段话，给我的印象极深刻，时时萦绕在心。一艘小型英国军舰的舰长，向别人讲述如何才能做到气宇轩昂、无畏无惧。他说：'刚开始的时候，每个人想有所行动，但都会感到害怕。应该学会驾驭自己，让自己表现得好像毫无畏惧。'这样持之以恒，原先的假装就会变成事实，他自己就是通过这种练习，才不知不觉中变成无所畏惧的勇者的。

"这便是我训练自己的理论依据。刚开始的时候，我害怕的事情太多了，从大灰熊到野马，还有枪手，我无不害怕，可是我故意假装不怕，慢慢地我就真的不再感到害怕。大家若是愿意，也能像我一样做到。"

克服当众讲话的恐惧，对我们做任何其他事情都会产生极大的、潜移默化的影响。那些敢于接受这项挑战的人，会发现自己的人品正渐渐地完善，战胜当众说话的恐惧，使自己脱胎换骨，拥抱更丰富、更美满的人生。

很多人通过自己经过准备后成功演讲的经验觉察到，自己已经能够很容易地克服恐惧或焦虑。从前可能会失败的事，现在却成功了。他们从当众讲话中获得了自信心，并让自己满怀信心地面对每一天的献礼。你同样也可以获得这种新的胜利感，迎接生活的挑战，那么那些曾经接二连三地袭来的困境，也就可以变为你生活中增添情趣的愉快挑战了。

设法使人“顺从”你

有没有一种方法，把我们要演讲的材料组织好，让听众能轻松地做我们要求他们去做的事情呢?

我在1930年曾和同事们讨论过这个话题。我们需要一些新鲜的东西，需要一个稳妥有效的方法，在2分钟之内得到结果，并获得听众的响应。

我们分别在芝加哥、洛杉矶和纽约召开会议，向所有的老师请教。他们当中，有在名牌大学演讲系执教的；有在商业方面占有举足轻重的地位的；也有来自正在快速扩展的广告促销界的。我们希望结合这些背景和智慧，能够找到一种新的演讲结构的方法——一个合理的、能反映我们时代需要的、符合心理学和管理学的方法，以影响听众，促使他们采取行动。

天道酬勤，我们从这些讨论中终于研究出演讲结构的“魔术公式”。这个方法在班上采用后，一直使用到今天。这个“魔术公式”是什么呢?

——一开始就描述实例的细节，生动地表明你希望传达给听众的意图。

——详细而清晰地表达出你的观点。

——陈述缘由，向听众强调，如果按照你所说的去做，他们会获得什么好处。这个公式非常适合当今快节奏的生活。演讲者不能再沉湎于冗长而闲散的绪论之中。人们越来越忙，他们希望讲演者以直接的言语，一针见血地说出心中要说的话。所以利用这个“魔术公式”，可以保证引起听众的注意，并可以将焦点对准演讲的重点。

我真的可以确信这套“魔术公式”很有用，可以有效地向听众陈述你要他们去做或避免去做的事情。

现在，我们还是一步步地进行讨论吧。

（1）讲述你的真实故事

在演讲中，应该花大量时间描述曾给你带来启示的经验。心理学家说，人们学习的方式有两种：一是练习律，即让一连串的类似事件来改变人的行为模式；二是效应律，即让单一的事件产生强烈的震撼力，并造成人们行为的改变。

我们平常就有很多不同寻常的经验，这是不需要花太多的时间去苦苦搜寻的。我们的行为也多半受这些经验的引导。如果能把这些事件重新组织起来，就可以把它们变成影响别人行为的事实基础。这一点我们应该很容易做到。

在演讲中陈述事实的时候，一定要把自己经验中的东西重新改造，使听众产生与你相同的感受。你可以把你的经验戏剧化地表达出来，让它们听起来更有趣，也更有力量。

下面的建议，可以让你举例的步骤更清晰，更具有意义。

（2）根据个人经验举例

如果这种例子曾经是对你的生活造成强烈冲击的单一事件，将会很有效力。事情的发生也许不超过几秒钟，可是在那短短的一瞬间，你已经学到了难忘的一课。

比如，当我们班上一个学员讲了他想从翻转的船边游上岸的故事后，我相信每个听众都会这样想，如果自己遇到了类似的情况，一定会听从他的忠告留在船边，等待救援人员的到来。

利用这种事件，可以打动听众并让他们采取行动——因为听众会这样推理，如果你会遭遇到，他们也可能会遭遇到，那么最好是听你的忠告，做你希望他们做的事。

（3）开门见山讲述细节

这样做可以立即抓住听众的注意力。有些演讲者不能立即获得听众的注意，大部分情况下是因为只讲那些老套的话，听众对此当然不感兴趣。在这儿请记住某位一流报纸杂志作者的一句忠言：在你的故事中间，要抓住听众的注意力。

（4）使事例充满合理的细节

细节本身不具备趣味性。例如，到处散置着家具和古董的房间并不好看，一幅图画全是不相关的事物也不能让人们的眼睛停留。同样，无关紧要的细节太多，也会让当众演讲成为无聊的活动。所以，你必须选择那些能强调你的演讲重点和缘由的细节。如果你能围绕话题重点，用细节来渲染你的故事，这确实是最好的方法。它可以帮助你重现当时的情况，让听众感觉如在眼前。你就是要让听众看到你所看到的，让听众听到你所听到的，让听众感觉到你所感觉到的。而要做到这一点，唯一的方法就是使用丰富而具体的细节。

（5）让经验重现

除了运用图画般的细节之外，演讲者还应该让情景再现。演讲和

“表演”有相近的地方，所有著名的演讲家都有一种表演的天分，这并非是一种只能在雄辩家身上找到的稀有的特质，孩童们大多具有这种才能，我们所认识的许多人也都有这样的天赋。他们面部表情丰富，善于模仿或做手势。我们多数人也都有这样的技巧，只要稍微努力和练习，就能有一定的发展。

在描述事件时，如果能加入越多的动作和激动的情感，就越能给听众留下深刻的印象。只有让事例深刻地烙在听众的脑海中，他们才会记住你的演讲，以及你希望他们去做的事。我们之所以能记得华盛顿的诚实，是由于他小时候砍樱桃树的事情，已经通过传记而深入人心。

这种事例，除了可以让你的演讲容易被人记住之外，还可使你的演讲更加有趣，更具有说服力，也更容易理解。生活教给你的经验，已经被听众重新感知，就某种意义而言，他们已经下定决心按照你的意思去做。

（6）使重点简明扼要

要简明扼要地告诉听众，你希望他们做什么。人们一般只会做他们清楚和了解的事情。所以，现在听众已经准备按照你的话去行动了，那么你必须问自己，你是不是确实告诉他们该做什么了？像写电报稿一样把重点写下来，是个很不错的主意，应该尽可能精简字数，又要使其清楚明白。不要说：“帮助我们本地孤儿院的病童吧。”因为这样太笼统。你应该这样说：“今晚就签名，下星期天集合，带25名孤儿去野餐。”

更重要的是，你的请求必须是明显的行动，是看得见的，而不是心理活动，否则就太含混了。例如说“时时想想祖父母吧”就太含糊，不好采取行动，而“本周末就去看望祖父母吧”则要更明确些。再比如说“要爱国”，如果改成“下星期二就请投下你神圣的一票”，就更明确了。

（7）使重点简单易行

不论问题是什么，不论人们是不是还在争论不休，演讲者必须把自己的重点和对行动的请求讲得更容易让听众理解和实行。最好的方法就是要明确。例如，你想让听众增强记忆人名的能力，千万不要说“现在便开始增强你对人名的记忆”，因为这样太笼统了，让人无从做起。你不如说：“在你遇到下一个陌生人的5分钟之内，试着把他的姓名重复5次。”

演讲者对听众给出明确的行动指示，比概略的言辞更容易引发听众的行动。例如“在祝贺康复的卡片上签名”要比劝听众寄一张慰问卡，或写信给一位住院的同学更好。

至于是使用肯定还是否定的语气来叙述，应该取决于听众的观点。这两种方式之间并没有好坏之分。例如，以否定方式说明应该避免的东西，就比用肯定陈述的请求更具有说服力。“不要做摘灯泡的人”，这是若干年前为了销售电灯泡而设计的广告语，这句否定式的措辞就收效甚佳。

（8）满怀信心地陈述重点

演讲的核心是重点，因此你应该有力而且信心十足地陈述出来。就像标题应该特别突出、显著一样，你对听众行动的请求也应该通过激烈的演讲，直接表达出来。你现在就要给听众留下积极的印象，让听众感觉到你的诚意。你的请求不应有不确定或信心不足的语气，游说的态度也应该持续到最后一个词。

（9）说明原因和听众可能获得的利益

最后，你已经没有时间了，所以简短扼要依然是必要的。你必须说出自己演讲的动机；或者告诉听众，如果按照你的要求去做，他们会有什么益处。

（10）使缘由与事例相关

本书已经阐述了很多当众讲话的动机。这是个范围很大的题目，对于想激励听众采取行动的演讲者很有用处。在“获得听众行动和响应的简短演讲”中，你所要做的，就是在演讲的高潮之际，用一两句话把好处说出来，然后坐下。不过，有一点很重要，就是你所强调的好处应该是从你所举的事例引出来的。如果你想表述自己买二手车省钱的经验，然后力劝听众买二手车，那么千万不可偏离事实，对听众说有些二手车的样式比最新的汽车要好。

（11）必须强调一个理由，一个就足够

推销员可以举出一堆理由，劝说你为什么应该购买他们的产品；你也能举出好几个理由，来支持你自己的观点，并且全都与你所使用的事例有关。然而，最好还是选一个最突出的理由。说给听众的最后几句话应该清楚而明确，就像刊登在全国性的杂志里的广告词那样。如果你对这些融入了许多人的智慧设计出来的广告加以研究，将会对你处理演讲中的“重点和缘由”很有帮助。

没有哪个广告会一次推销两种或两种以上的理念。在销售范围很广的杂志中，也没有一个广告使用两个以上的理由来说明你为什么应该买某种商品。同一个公司也许会改变它激发消费者动机的请求方式，从一种媒介改为另一种媒介，如从电视改成报纸，但是同一家公司却很少在一个广告中体现不同的诉求，不论是口头上的还是视觉上的。

如果你能研究一下报纸杂志和电视中的广告，分析它的内容，你就会惊讶地发现，在劝说人们购买商品时，“切题”是让整个广告成为一个统一整体的关键。

永远保持个人风度

不要模仿他人。

我们都很羡慕某些演讲家，因为他们把表演融入了演讲，毫不困难地表达自己，能够毫无畏惧地使用独特的、个性化的、富于幻想的方式，说出想对观众说的话。第一次世界大战结束之后，我在伦敦遇到了罗斯·史密斯爵士和凯恩·史密斯爵士兄弟俩。他们刚刚完成从伦敦到澳大利亚的首次飞行，并获得澳大利亚政府颁发的5万英镑奖金。

他们在大英帝国引起了巨大的轰动，连英王也给他们封了爵位。胡雷上尉是一位知名的风景摄影家，他和他们两兄弟一同飞过了一段路程，摄制了一些影片。我有幸帮助他们做一场以画面解说为主的旅游演讲，并培训他们怎样表达自己。他们每天都在伦敦的“爱乐厅”中演讲两场，早晚每人各讲一次。虽然他们并肩飞过了半个世界，发表的几乎是相同的演讲，可是听起来却大不一样。演讲除了词句外，还有一些别的重要因素。那就是演讲者表达词句时的特有个性——演讲时的态度。“说什么”和“怎么说”是两回事，绝对不能混为一谈。

在一次公开演奏会上，我坐在一位年轻小姐的身边。当著名钢琴家帕德列夫斯基上场演奏肖邦的一首马祖卡舞曲时，她也正拿着曲谱看。她感到很困惑：帕德列夫斯基的手指敲击钢琴的音符，与她弹奏这支舞曲时敲击的方式完全一样，然而她的表演很一般，帕德列夫斯基却弹得令人入迷，美得难以形容。其实，她不知道这其中的关键并不在于音符，而是演奏的方式。帕德列夫斯基在演奏时融入进去的感觉、艺术才能以及他的个性，构成了平凡者与天才之间的差异。同样，在俄国大画家布鲁洛夫为一个学生的习作做了一点修改之后，学生惊奇地看着这幅被改变了的图画，大叫道："呀！你才改了那么一小点，可是它整个都不一样了！"布鲁洛夫说："真正的艺术就在于那一小点改动之处。"

演讲与绘画、与帕德列夫斯基的演奏都是一样的！同样的道理，也适用于人们说话的态度。在英国国会流传着一句老话，"一切都由演讲的方式而定，而不是根据事情来定"——这是很久以前，当英格兰还是罗马帝国的殖民地时，由昆提加说出来的。

"所有的福特轿车完全相同，"福特汽车的创始人这样说，"但是，没有两个人是相同的。每一个新生命，在太阳底下都是一件新事物，在此之前没有和他相同的东西，在此之后也绝不会有。年轻人应该培养这种观念：他应该寻求自己独特的个性，使自己与众不同，并发展自己的价值观。社会和学校可能试图改造他，因为他们习惯于把人们放入同一个模式中，但我却不会让个性的火花消失，因为这是你的重要性唯一真实的凭证。"对演讲来说，这话更是正确至极。

在这个世界上，没有另外一个人和你是完全相同的。几十亿人都有两只眼睛、一个鼻子和一张嘴，但却没有一个人是跟你完全相同的：没有一个人有着与你完全相同的思想及想法，也很少有人能够像你那样自然地谈话并表达自己的意见。这就是你独特的个性特征。作为一名演讲者，这就是你最宝贵的财富。要抓住它、珍惜它、发挥它，它将会让你的演讲产生巨大的力量与真诚。"这是你个性中唯一而且真实的凭证。"请记住，千万别抹杀了自己的个性。

洛吉爵士的演讲之所以与众不同，就因为他是个与众不同的人物。

他的说话态度，正是他的特点之一，这和他的胡子、秃头是他的独特标志一样。但如果他想模仿洛依德·乔治，就会让人看上去觉得虚假，进而就会失败。

美国历史上最著名的一场辩论，发生在1858年的伊利诺伊州大草原城。辩论双方是道格拉斯参议员和林肯。林肯的身材高而笨拙，道格拉斯却矮小而优雅。这两个人不但在外表上迥然相异，个性、思想和立场也完全不一样。道格拉斯是上层社会人士，林肯却有"劈柴者"的绰号，他往往穿着短袜就走到大门口去接见民众。道格拉斯十分儒雅，林肯则显得有些笨拙；道格拉斯完全没有幽默感，但林肯却是有史以来最伟大的故事家之一；道格拉斯难得一笑，而林肯则经常引用事实及例子来展开论述；道格拉斯骄傲而自大，林肯谦逊而宽厚大度；道格拉斯说起话来犹如狂风暴雨，林肯则比较平静，表现得从容不迫。他们都是声名卓著的演讲家，都具有无比的勇气和良好的感染性。但如果他们当中某个人企图模仿对方，就一定会输得很惨。他们都把自己独特的才能发挥到了极点，因而显得更与众不同，更具有说服力。

"发挥自己的长处。"这话说起来很容易，但是不是也很容易遵循呢？那就不容易了。福熙元帅认为战争的艺术"概念极其简单，不幸的是，执行起来却很复杂、很困难"。

亨利·比切尔说："演讲中最重要的是人！"

如果你是演讲者，一定要很突出地表现出你自己，就像少女峰白雪皑皑的峰顶与蔚蓝色的天空相互辉映那样显眼。

第七章

掌握沟通技巧，你就可以成为“万人迷”

让对方说“是”

在与人交谈时，千万不要一开始就讨论意见有分歧的事。刚开始时应先强调，并且坚持不断地强调你们都认同的事。继而强调你们双方都在追求同一目标，你们之间的唯一差别只是在方法上，而不是在目标上。

应该让对方在刚开始的时候就说“是，是”。要尽可能地使他避免说“不”。

“一个‘不’的反应，”亚佛斯德教授在他写的《影响人类的行为》一书中说，“是最难克服的障碍。一旦一个人说出‘不’以后，他所有的自尊心，都会促使他固执己见。以后他也许会觉得‘不’是不甚恰当的，然而当时他必须考虑他的宝贵的自尊！一旦一句话说出口，他就必须坚持到底。所以，一开始就使人采取肯定的态度，这一点极为重要。

“善于讲话的人，常常会在谈话一开始时，就使对方说‘是’，从而将对方的心理引向肯定的方向。这就好比打棒球：向前方把球击出并不难，但若要使球沿着某方向反弹回来的话，就不那么容易了。

“这是一种极其简单的方法，但是却很容易被人忽略！一般来说，人们一开始往往会采取反对态度，这样似乎能得到一种自重感。激进的人碰上守旧的人时，会立刻愤怒起来！但说实话，这又有什么好处呢？

如果他这么做只是为了让自己得到一些快乐，或许还情有可原；但如果他想与人达成什么协议的话，那他这么干就太愚蠢了。

“如果一开始的时候，一名学生或顾客、孩子、丈夫或妻子就说‘不’，那恐怕要有非凡的智慧和耐心，才能使那种绝对否定的态度变为肯定的态度。”

正是用这种“是，是”的方法，使得纽约格林威治储蓄所的一位出纳员詹姆斯·艾伯森挽回了一位主顾，否则他就会失掉这笔生意。

“这个人进来要开一个账户，”艾伯森先生说，“我照例让他填写一些表格，其中有些问题他愿意回答，但有些问题他却根本不想回答。

“在我开始学习人际关系之前，我会告诉这位顾客说，如果他不向银行提供这些材料，我们就拒绝为他开户，我对我以前犯过这样的毛病感到很惭愧。自然，那样的‘最后通牒’使我觉得很痛快。我想让对方知道，在这里究竟是谁说话算数，银行的规章制度一定不能违反。但那样的态度显然让那些来我们银行的客户得不到一种受欢迎被重视的感觉。

“那天早晨，我决定采用一种实用的普通知识。我决定不谈银行的规矩，而只谈顾客的需要。最重要的是，我决意使他从一开始就说‘是，是的。’所以，我同意了他的做法。我告诉他，他拒绝填写的那些材料，并不是绝对必要的。

“‘然而，’我说，‘假如你把钱存在银行，一直到你去世。你不会希望银行无法将这钱转移给你那依照法律有权继承的亲属吧？’

“‘是的，当然。’他回答说。

“‘难道你不认为，’我接着说道，‘将你最亲近的亲属的姓名告诉我们，使我们在你万一去世的时候能够准确无误地实现你的愿望，其实是一个很好的办法吗？’

“他又说：‘是的。’

“当他明白我们需要这些材料不是为了我们，而是为了他的时候，他的态度就软化下来，并改变了最初的想法。在离开银行以前，这人不仅将关于他自己的全部材料告诉了我，并且根据我的建议，他还开了一个信托账户，指定他的母亲为受益人，而且十分高兴地回答了关于他母亲的各种问题。

“我发现一旦让他从开始就说‘是，是’时，他便忘了我们之间的隔阂，并且愿意做我所建议的事。”

“雅典的牛蝇”苏格拉底，是一个赫赫有名的“老小孩”，虽然他总是光着脚，并到40岁秃了头的时候，才娶了一位19岁的女子。但他所做的事情在历史上只有几个人能够做到。他彻底地改变了人类思想的进程，而现在，当他死去23个世纪后，他仍被人们尊为世界上最有才智的劝说者。

他的方法是什么？他是否告诉别人，他们是错误的？啊，没有，苏格拉底才不会那样做呢。他是如此的老练，绝不会那样做。他的整套方法，现在被称为“苏格拉底方法”，以得到“是的，是的”的反应为根据。他所问的问题，都是反对他的人必然会同意的。他持续不断地得到一个又一个同意，直到他得到许多的“是”。他持续不断地发问，直到最后，他的反对者不知不觉地发现自己所得到的结论，竟是在几分钟以前坚决反对的。

如果我们下次要告诉别人他是错误的时候，不要忘了赤足的苏格拉底。你应该问一个温和的问题——一个能得到“是，是”的反应的问题。

所以，如果你想要让别人赞同你，就请这样做：想办法使对方立刻说“是，是”。

使别人甘愿做你建议的事

1915年，美国全国上下一片惊恐。在超过一年的时间里，欧洲各国到处战事不断，其规模之大，在人类的历史上前所未有。和平能降临这片被鲜血染红的大地吗？没有人知道，但是威尔逊总统决心试一试。他派了一个和平专使去欧洲斡旋。

当时的国务卿布莱恩，他是一个和平的倡导者，十分想去欧洲完成这个任务。他看到了这个让自己名垂青史的机会。但是，威尔逊总统却任命另一个人——爱德华·E.豪斯上校。他是威尔逊总统的好朋友。但是豪斯上校若是把他被任命这件事告诉布莱恩，肯定就会冒犯到他。

豪斯上校在日记中写道：

“布莱恩得知我将去欧洲担任和平专使这项任务后，显得非常失望。他本来以为是由他去的。我跟他说，总统觉得如果派一位政府官员去斡旋的话，很不明智。而且他作为一名国务卿去的话，肯定会引起很多不必要的注意和猜测。”

你看出这话中的暗示了吗？豪斯上校在暗示布莱恩，他的国务卿一职是多么重要，由他担任和平专使一职会显得不适宜。这样一来，布莱恩也不说什么了。

机敏、老到的豪斯上校就是遵循了人际关系中的一条很重要的原则，那就是：要让别人乐意为你效劳。

威尔逊总统在邀请威廉姆·基布斯·迈克亚杜时，也运用了这一原理。这是总统所能给予的最高荣誉。然而威尔逊总统的做法就是为了让迈克亚杜感觉自己极为重要。迈克亚杜骄傲地说：

“他（威尔逊总统）说他正在组建自己的内阁，如果我能担任财政部一职的话，他会十分高兴。他说这件事的时候兴高采烈，让我觉得如果我接受这项任命的话，好像是帮了他一个大忙。”

并不是只有政治家和外交家才会使用这个“让别人乐意效劳”的原理。印第安纳州福特韦恩的戴尔·O.费利尔告诉我，他是如何鼓励他的儿子去做单调的家务劳动的。

“杰夫的一项家务工作就是去把梨树上能够到的成熟梨都摘回来，这样就不会被路人摘走了。杰夫并不喜欢这个工作，他做得很不好。从梨树下经过的路人只要一伸手就能摘几个梨走。与其指责孩子，不如鼓励孩子。一天我对他说：‘杰夫，我和你做笔交易如何？如果你装满一筐的梨，我就奖励你1美元。但是当你做完后，如果我还能在梨树上随便摘下一颗梨，你就给我1美元。如何？’正如你想象的那样，杰夫不但摘完梨树下方的梨，我还得拿只眼睛盯着他，以免他把那些还没有成熟的梨也摘来滥竽充数。”

我认识一个人，他不得不拒绝一大堆的演讲邀请，另外还有来自朋友和那些盛情难却的人们的邀请，但是他却做得很巧妙，邀请者都感到很满意。他是怎么做到的呢？他并不会说自己太忙，他会在表达了对于邀请的感谢以及拒绝参加的遗憾之后，再推荐一位代替他的人。换句话说，他不会给别人时间来为他的推辞而感到沮丧，他会立即让对方想到可以找其他的人来做替代。

冈特·舒密德是我的一名学员，他说他开的副食店里的一名服务员，因为粗心大意，总是把货架标签上的价格弄错，这引起了混乱和顾客的埋怨。提醒、警告、威胁，这些对她都没有用。最后，舒密德先生把她叫进办公室，说要任命她为整个食品店里的“标签安放检查员”，负责所有货架上的标签是否都标正确了。这项新的任命完全改变了她的工作态度，自那之后，她出色地完成了她的职责。

可见，如果你想要别人乐意按照你的建议去做的话，不妨试一试：让对方心甘情愿做你建议的事情。

从别人的出发点看问题

在你与人交往时，不要把对方都不在意的错误牢记在心，也不要指责别人，傻子才会那样做；而要尽量了解别人，那才是明智大度、超凡脱俗的人。

对方之所以会那样思考，会那样行动，自然有他的理由。如果你能找出那个隐藏着的原因，你就找到了理解对方的行为和人格的钥匙。

试着使你自己真诚地站在别人的立场来思考问题。

假如你对自己说："如果我处在他的情况下，我将有什么感受，会出现什么反应？"那么你就可省下许多时间，减少不必要的烦恼，因为"如果对原因发生兴趣，我们就不会厌恶结果"。而且除此之外，你还可以大大增加你的为人处世的技巧。

"暂停一分钟，"肯尼斯·古德在他的作品《如何使人变得高贵》中说，"暂停一分钟，将你对自己事情的浓厚兴趣，和你对别的事情的漠不关心做个比较。然后你就会明白，世界上任何其他人也都是同样的态度。以后，你就能像林肯、罗斯福一样，把握住很多机会。换句话说，为人处世成功与否，全在于你能否以同情之心，接受别人的观点。"

萨姆·道格拉斯住在纽约州汉普斯特市，他以前总是数落他的妻子，说她在修整家中的草地、拔杂草、施肥和修剪花草方面浪费了太多的时间。虽然她每个星期这样做两遍，可是草地看上去并不比4年前更好看。道格拉斯这种话当然让他妻子十分不高兴，因此每当他这样批评她时，家中一整晚都会笼罩着一层乌云。

在参加了我的辅导班之后，道格拉斯先生认识到了他这些年来所犯的重大错误。他从来都没有想过，她在修整草地时，也会从中获得快乐，以及她渴望由此而得到夸奖的期盼。

一天晚上，吃完晚饭之后，妻子说要去除杂草，并希望道格拉斯陪她一起去。道格拉斯先是没有答应，但过后他想了一下，又陪她去了。她显得非常兴奋，两个人一同干了一个多小时，度过了一个愉快的晚上。

从那以后，道格拉斯经常陪妻子修整草坪，并夸奖妻子，说她把草坪修整得很好看，而且院子里的泥土地被平整得像水泥地一样光滑。结果他们俩都从中获得了快乐，因为他学会了站在妻子的角度来看事情。

吉拉德·利奥德在他的作品《深入他人之心》中评论说："当你认为别人的观念、感觉与你自己的观念和感觉同等重要，并向对方表示这一点时，你和别人的交谈才会轻松愉快。在谈话开始的时候，要尽量使对方提出这次谈话的目的或方向。如果你是个听者，你就要克制自己不要随意说话。如果对方是听者，你接受他的观点，将会使他大受鼓舞，能够与你开怀畅谈，并接受你的观念。"

多年以来，我常在离家不远的公园里散步、骑马，以此作为我主要的消遣。我很喜欢橡树，所以每当我看见小树苗和灌木被火灾毁灭时，就非常痛心。这些火灾并不是由粗心的吸烟者造成的，它们大都是那些到园中来过野外生活，在树下做饭烧烤的儿童引发的。有时这些火烧得太大，不得不出动消防队。

在公园的一个角落里，有一块布告牌，上面写着："凡导致火灾的肇事者，将处以罚款及拘禁。"但这块布告牌放在少有人迹的地方，很少有人能看到它。虽然有一位骑马的警察在公园中巡逻，但他很不尽职。因此火灾时常发生并向四周蔓延。有一次，我跑到那个警察那里，告诉他说公园里有一处失火了，火势正迅速地蔓延，要他立即通知消防队。但他却冷漠地回答说，那不关他的事，因为那不是他的管辖区域。我立即急了，从那以后，每当我骑马去公园时，便主动保护公园的公共财产。

最初，我根本不想了解儿童的心理。当我看见树下起火时，便非常不高兴，我急于做好事，但结果却恰恰相反。我总是骑着马过去，向这些儿童们发出警告，说这样会引起火灾并会被拘禁。我还用严肃的口气，命令他们把火扑灭，而且，如果他们拒绝，我便威胁要将他们抓起来。我只顾发泄我的怒气，全然不理会他们的想法。

结果呢？这些儿童虽然表面上遵从了我的命令，但心中的怨恨却更大。在我骑马跑远后，他们很可能又重新生火，并极想把整个公园都烧光。

许多年过去以后，我对人际关系的知识有了更多的了解，更懂得从对方的观点来看事情。于是我不再下命令，我会骑马来到火堆前，然后这样说：

“孩子们，玩得高兴吗？你们在做什么晚餐……当我还是个孩子时，我也喜欢生火——我至今还很喜欢。但你们知道，在这公园中生火是非常危险的。我知道你们这些孩子会很小心谨慎的，但别的孩子可不像你们这样小心。他们走过来见你们生了火，于是他们也点起火来，回家的时候也忘了扑灭，结果火在公园中蔓延，烧毁了树木。如果我们再不加点小心的话，我们这儿的树就会被烧得精光了。而且，因为生了这堆火，你们可能会被捕入狱。但我不想废话，也不希望干涉你们，扫你们的兴。我喜欢看到你们快乐地生活，但请你们立刻将旁边的枯树叶拨得离火远些，好不好？在你们离开以前，你们要小心地多用些泥土把火盖起来，好不好？那样就不会有危险了……多谢了，孩子们。祝你们快乐。”

这种说法起到了很好的效果，儿童们非常合作，他们没有怨恨，也没有反感。他们并没有被强制服从什么命令，他们保住了面子。他们觉得能够接受，我也觉得很满意，因为我是先考虑了他们的想法，再来处置这件事情的。

如果你读完这本书后，只学到一件事——经常培养自己从对方的角度去思考，能从他人的立场出发，如同从你自己的立场出发一样——如果你从这本书只学到这一点，就足以为你的生活道路翻开崭新的一页。

所以，如果你要使别人同意你的意见，并不伤别人的感情或引起厌恨，就请真诚地从对方的观点来看待事情。

让别人觉得他自己很重要

在人类社会中，存在一个举足轻重的原则。如果我们遵从这个原则，那么我们永远也不会遇到麻烦。但是，要是不遵从这个原则，我们就会陷入无尽的麻烦。这个原则就是：让别人感觉到他们自己的重要性。正如约翰·杜威所说的那样："人类本性中最深层的渴望，就是让自己变得重要的渴望。"威廉姆说："人类本性中最深的渴望，就是渴望被别人欣赏。"我也强调过："这种希望自己变得很重要的渴望，是人和动物的最大区别。这种渴望也是对文化本身的一种回应。"

你想要得到别人的认可。你想要证明你的价值。你想要在你生活的这个小小的世界中感受自己的重要性。你不想要那些廉价、敷衍的赞扬，而是渴望得到真诚的赞美。你想要你的朋友和同事都像斯瓦布所说的那样"真心诚意地认同别人，从不吝啬自己的赞美"。所有的这些都是你想要的。

那么，请先给予别人他们想要的东西吧！

那什么时间、什么地点给予别人他们想要的东西呢？答案是：无论何时，无论何地。

威斯康辛州奥克莱尔的大卫·G.史密斯在我的培训课上告诉我们，有一次，在一个慈善音乐会上，他负责音乐会上的自助餐。

"那天晚上我来到慈善音乐会现场的时候，两个很郁闷的老夫人站在餐桌旁边。她们都以为自己该主持这次的慈善音乐会。当我正在考虑我该怎么做时，一位募捐委员会的成员来到我的身边，把募捐箱交给了我，让我来主持那天的晚会，并让露西和简两位女士来做我的助手。说完之后，那人就离开了。”

“我的大脑一片空白。几秒钟之后，我意识到募捐箱某种程度上是晚会上权力的象征。我把募捐箱叫露西拿着，并跟她解释道我可能不善于保管这些钱财，如果她能帮我拿着捐款箱我会感觉好多了。于是，我又让简去教两个小伙子如何开汽水瓶盖，并让她负责本次晚会这方面的工作。”

“那天晚上很惬意。露西很高兴地数着募捐来的钱，简很开心地督促着那两个小伙子，而我舒舒服服地听完了这场音乐会。”

你不需要成为多么伟大的人物后再使用这一原理。现在，你就可以每天都使用这一神奇的原理。

霍尔凯恩的小说——《天主教徒》、《曼岛人》，还有其他作品——这些作品都是20世纪初的畅销书。数以百万计的人都读过他的书。他原本只是一个铁匠的孩子。他一生中只读过8年的书，然而，当他逝世的时候，他是那个时代最富有的作者之一。

霍尔凯恩喜欢十四行诗和民谣。所以，他狼吞虎咽地看完了但丁·加百利·罗塞蒂所有的诗歌。出于对但丁的崇拜，他还写了篇散文来颂扬但丁——赞扬但丁在艺术方面的成就，同时也将散文寄了一份给但丁本人。但丁也很高兴。“任何对我的能力有如此高评价的人，”但丁半开玩笑地说道，“肯定也是一个天才。”于是，但丁邀请这个铁匠家庭出身的孩子来伦敦当他的秘书。这就是霍尔凯恩一生的转折点。在这个新的位置，他整日接触文学巨匠。在他们的不断帮助和激励下，他终于成为文学界的大家。

霍尔凯恩的家位于马恩岛的格瑞巴堡，随后成了一个世界著名的旅游景点。他身后也留下了数百万的财产。然而，如果他没有写那么一篇散文来赞扬但丁，那么他很有可能一直过着贫困潦倒、默默无闻的生活。

这样的一种力量，是来自人们内心深处真挚赞美的力量。但丁认为自己很重要，这并不奇怪。几乎每个人都认为自己很重要。

几乎每个你遇到的人都会认为他在某些地方比你强，这是一条永恒不变的真理。赢得人心的一种有效办法就是：以一种微妙的方式让他们意识到，你了解他们的重要性，并真诚地认同他们。

克劳德·马莱，法国里昂的一家餐厅老板，运用这种原理成功挽留住了他们餐厅的一名关键员工。这位员工在餐厅里干了五年了，她是老板和其他21名员工之间联系的纽带。他收到她的辞职信时，十分惊讶。

马莱说："我十分惊讶，然而不仅仅只有惊讶，还有些失望。因为我觉得我对她很公正，而且几乎满足了她所有的需要啊！可能由于她不但是自己的朋友，也是自己的员工，我对待她也许要求得太多了，也太过于理所当然了。"

"如果她没有理由，我肯定不会接受她的辞职。我把她叫到一边，对他说：'对不起，我不能接受你的辞职。你对我和这家餐厅都极其重要。你也为这家餐厅的成功付出了很多东西。'我当着很多员工的面反复地说这些话，然后邀请她到我家来吃饭，不断地强调我相信她，我的家人也都相信她。

"博莱特最后收回了她的辞职信，而如今我比以前任何时候都更加信任她。后来，我时常在员工的面前表扬她，说她对我们餐厅有多么重要。"

"多和别人谈论下他们，"迪斯雷利说，"多和别人谈论下他们自己，他们会愿意听你说上好几个小时的！"

所以，让别人觉得自己很重要，你会获得很多人的信赖，并且为自己赢得尊重。

在卡耐基指导下内心强大

第八章

战胜忧虑

让自己忙碌起来

我永远都忘不了几年前的一个晚上，我班上的一个学员马利安·道格拉斯告诉我们，他家里遭受到的不幸——不止一次，而是两次。第一次，他失去了5岁的女儿，这是他非常喜爱的一个孩子。他和他的妻子都以为自己无法承受这个打击，可是，正如他所说的："10个月之后，我们又有了另一个小女儿，但是她只活了5天就死了。"

这接连而来的打击，几乎使人无法承受。"我承受不了，"这个父亲告诉我们说："我睡不着，吃不下，也无法休息或放松。我精神上受到了致命的打击，信心全没了。"最后，他去看了医生。

有一位医生建议他吃安眠药，而另外一位医生则建议他去旅行。这两个方法他都试了，可是都没有用。他说："我的身体犹如夹在一把大铁夹子里，而这把铁夹子越夹越紧，越夹越紧。"那种悲哀带给他的压力太大了——如果你曾经因为悲哀而感觉麻木的话，就知道他的感受是什么了。

"不过，我们还有一个孩子——一个4岁大的儿子，他教我找到了解决问题的方法。一天下午，我悲伤地呆坐在那里，儿子问我：'爸爸，你肯不肯给我造一条船？'当时我实在没有心情给他造船，我根本没有心情做任何事情。可是我的儿子是个很会缠人的小家伙，我不得不按照他的意思去做。

“我大概花了3个小时把船造好，之后我发现造船的这3小时，竟成了我这段日子以来第一次心情放松的时间。

“这个大发现使我想到了许多——这是我几个月来第一次认真思考。我发现，如果你忙着做一些需要计划和思考的事情的话，就很难再有时间去担心和害怕什么了。于是我决定让自己不停地忙碌起来。

“第二天晚上，我查看了每一个房间，把所有要做的事情列成一张单子。我家里有许多小东西，如书架、楼梯、窗帘、门钮、门锁、漏水的龙头等需要修理。让人意想不到的是，我在两个星期的时间里竟然列出了242件需要做的事情。

“在过去的两年里，这些事情大部分都已经做完了。此外，我还给自己的生活增加了富有启发性的活动：每个星期抽出两个晚上到纽约市参加成人教育班，并参加了小镇上的一些活动。现在我是校董事会主席，参加过很多会议，并协助红十字会和其他组织机构募捐。现在我忙得几乎没有时间去忧虑。”

“没有时间去忧虑”，这句话正是丘吉尔曾说过的。当时战事紧张，他每天都要工作18个小时。当别人问他是不是对如此沉重的责任感到忧虑时，他说：“我太忙了，根本没有时间忧虑。”

查尔斯·柯特林在发明汽车自动点火器的时候，也碰到过类似的情形。柯特林先生一直担任通用汽车公司的副总裁，不久前才退休。可是，当年他穷得只能租用堆放稻草的谷仓做实验室；全家的每月生活开销全靠他太太教钢琴所赚来的1500美元。后来，他又不得不用他的人寿保险做抵押借来500美元。我问他太太，她在那段时期是不是很忧郁？

“当然，”她回答说，“我担心得睡不着，可是我的丈夫一点都不担心。他整天沉浸在工作里，根本没有时间去忧虑。”

伟大的科学家巴斯特也曾经说过：“在图书馆和实验室所找到的平

静。”为什么会在那儿找到平静呢？因为在图书馆和实验室工作的人通常都埋头工作，没时间为自己担忧。做研究工作的人也很少精神崩溃，因为他们没有时间享受这种“奢侈”。

当有些士兵因为在战场上受伤而退下来的时候，他们都患上了一种“心理上的精神衰弱症”。军医对此大都采取了“让他们忙碌起来”的治疗方法。除了睡觉的时间之外，这些在精神上受到打击的士兵每时每刻都在活动，如钓鱼、打猎、打篮球、打高尔夫球、拍照片、种花或跳舞等，根本不让他们有时间回想那些可怕的经历。

随便哪个心理治疗医生都会告诉你：工作——不停地忙着，是治疗精神疾病的良方。著名诗人亨利·朗费罗先生在他年轻的妻子去世之后，也认识到了这一点。

有一天，他太太点燃一支蜡烛，来熔化一些封信封的火漆，结果她的衣服着火燃烧了起来。朗费罗听见太太的叫喊声，立即赶过去抢救，但最终她还是因为烧伤过重而离开了人世。

有很长一段时间，朗费罗都忘不掉这件可怕的事情，几乎发疯。但三个幼小的孩子需要他照料。他虽然很伤心，但还是要父兼母职。他带他们出去散步，给他们讲故事，和他们一同做游戏，把他们父子之间的亲情写在《孩子们的时间》一诗里。他还翻译了但丁的《神曲》……所有这些工作使他忙得完全忘了自己，思想上也重新得到了平静。

这正如班尼逊在他最好的朋友亚瑟·哈兰去世时曾经说过的那样：“我一定要让自己沉浸在工作中，否则我就会在绝望中忧虑苦恼。”

对大部分人来说，当日常工作使他们忙得团团转的时候，“沉浸在工作中”大概不会有多大问题。可是一旦下班以后——也就是我们能够自由自在地享受生活的时候——忧虑就会开始袭击我们。这时我们常常会想到各种问题，例如，我们有什么成就？我们有没有干好工作？老板今天说的那句话是不是“有什么特别的意思”？

当我们不忙的时候，大脑常常会变成一片真空。每一个物理学专业的学生都知道“自然界中没有真空状态”，如果打破一个白炽灯泡，空气立即就会进去，充满了从理论上说来是真空的那一块空间。

一旦你的大脑空闲时，马上就会有东西补充进去。是什么东西呢？通常是你的感觉。忧虑、恐惧、憎恨、忌妒和羡慕等情绪都是受我们的思想控制的，而这些情绪都非常强烈，往往会撵走我们思想中所有平静、快乐的情绪。

詹姆斯·马歇尔是哥伦比亚师范学院教育系的教授。他说：“忧虑对你伤害最大的不是在你正忙着工作的时候，而是在你干完了一天的工作之后的休息时间。那时，你的想象力会很混乱，你会想到各种荒诞不经的事情，夸大每一个小错误。在这种时候，你的思想就像一辆失去控制的车子，横冲直撞，摧毁一切，甚至把你自己也撞得粉身碎骨。让自己内心强大的最好办法，就是做一些有意义的事情，让自己忙碌起来。”

并不是只有大学教授才懂得这个道理。我在战时碰到一位住在芝加哥的家庭主妇，她将她的经历告诉我，说她发现“让内心强大起来的最好办法，就是做一些有意义的事情，让自己忙碌起来”。

当时我正在由纽约到密苏里州农庄的路上，正好在火车的餐车上碰到这位主妇和她的先生。这对夫妇告诉我，他们的独生子在“珍珠港事变”的第二天加入陆军部队。母亲当时很担心她的独生子，她常常想他现在在什么地方？他是不是安全？他是不是正在打仗？他会不会受伤？他会不会阵亡？这使她的健康严重受损。

我问她后来是怎么战胜忧虑的？她回答说：“让自己忙起来。”她告诉我，她最初把女佣辞退，希望家务能让自己忙起来，可这并不见效。“问题是，”她说，“我做家务总是机械化的，完全不用思想，所以当我铺床和洗碟子的时候，还总是担忧儿子的安危。我发现我需要一份新的工作，才能使我的身心在每一天的每一个小时都忙碌起来，于是我就去了一家大百货公司当售货员。”

“这下好了，”她说，“我马上发现自己似乎掉进了一个运动的大旋涡里，我的四周全是顾客，他们问我价钱、尺码、颜色等问题，我没有时间去想手边工作以外的问题。到了晚上，我也只能想如何能让双脚休息一下。吃完晚饭之后，我躺在床上，很快就睡着了。我既没有时间、也没有体力再去忧虑。”

她所发现的这一点，正如约翰·科伯尔·波斯在《忘记不快的艺术》一书中所说的：“一种舒适的安全感，一种内在的宁静，一种因快乐而反应迟钝的感觉，都能使人在专心工作时心情平静。”

能做到这一点的人实在是太幸运了。世界最著名的女冒险家奥莎·琼森最近告诉我，她是如何从忧虑与悲伤中解脱出来的。你也许读过她的自传《与冒险结缘》，如果说真有哪个女人能跟冒险结缘的话，那也就只有她了。马丁·琼森先生在她16岁时娶了她。25年来，这对来自堪萨斯州的夫妇周游了全世界，拍摄亚洲和非洲逐渐绝迹的野生动物。9年前他们回到美国，到处做旅行演讲。有一次，他们在丹佛搭乘飞机前往西岸时，飞机撞在山上，马丁·琼森当场死亡，医生们都以为受重伤的奥莎也永远不能再下床了。可3个月之后，她就坐着一辆轮椅，在一大群人面前发表演讲。她在那段时间做了100多场演讲，每次都是坐轮椅去的。我问她为什么要这样做？她回答说：“我之所以这样做，是想让自己没有时间悲伤和忧虑。”

海军上将拜德也是因为在覆盖着冰雪的南极小茅屋里单独住了5个月，才认清这个道理的。那片冰天雪地，是一片无人知晓的、比美国和欧洲加起来还要大的大陆。拜德上将单独在那里住了5个月，周围没有任何一种生物存在。天气出得冷，当风吹过耳边的时候，他能听见自己的呼吸几乎冻住了。他在《孤寂》这本书里，叙述了他在既难过又可怕的黑暗中度过的那5个月的生活，他不停地忙着，才不至于发疯。

“在夜晚，”他说，“熄灯之前，我养成了安排第二天工作的习惯。也就是说，我要为自己安排好下一步该做什么。比如用一小时检查逃生用的通道，用一小时检查装着燃料的容器，再花两小时修理雪橇……”

“能把时间分开来消磨，”他说，“是一件非常好的事，这使我产生了一种可以主宰自己的感觉……要是没有这些工作，那日子就会过得漫无目标。而没有目标的话，这些日子就会最后弄得我分崩离析。”

要是担心什么事情的话，就请记住，我们可以把工作当成一种很好的治疗法。曾在哈佛大学医学院当教授的博士理查德·柯波特先生在《生活的条件》这本书中也说过：“作为一个医生，我很高兴地看到，忙碌的工作可以治愈很多病人。他们所患的病多数是由于过分疑惧、迟疑、踌躇和恐惧等造成的。工作带给我们的勇气，就像爱默生永垂不朽的自信一样。”

如果闲坐在那里发愁的话，我们就会产生许许多多被达尔文称为“胡思乱想”的东西，它会掏空我们的思想，摧毁我们的行动和意志。

我认识纽约的一个商人，用忙碌来赶走那些“胡思乱想”，使自己没有时间烦恼和忧虑。他叫查伯尔·朗曼，也是我成人教育班的学员。他征服忧虑的经历非常有意思，也非常特殊，那天上完课之后我请他一起去吃夜宵，我们在一间餐馆一直坐到半夜，他对我谈他的那些经历。下面就是他告诉我的故事：

18年前，我因为忧虑过度而患上了失眠症。当时我非常紧张，脾气不好，总是烦躁不安。我想我快要精神崩溃了。

我之所以发愁是有原因的。当时我是纽约市西百老汇大街皇冠水果制品公司的财务经理，公司投资50万美元，把草莓包装在一加仑装的容器罐子里。20年来，我们一直向冰激凌厂商销售这种一加仑装的草莓。突然有一天，我们的销售量大跌，因为那些大的冰激凌厂商的产量迅速增加，他们为了节省开支和时间，买的是36加仑一桶的桶装草莓。

不仅我们公司价值50万美元的草莓卖不出去了，而且根据合同，我们在接下来的一年之内，还要再购买价值100万美元的草莓。我们已经向银行借了35万美元，现在既还不上贷款，也不能再续借，我当然非常担忧。

我赶到我们在加州的工厂，告诉总经理，情况一旦有所改变，我们将会面临毁灭的命运。但他不肯相信，而是把这些问题都归罪于纽约的公司以及那些可怜的业务员。

在经过几天的协商，我终于说服他不再用这种小包装，而把新的大包装投放到旧金山市场上卖。这样做差不多可以解决我们的大部分困难，可是我还是有些忧虑。有人说忧虑是一种习惯，而我已经染上这种习惯了。

回到纽约之后，我异常紧张不安，睡不着觉——就像我刚才所说的，简直就要精神崩溃了。

在绝望中，我换了一种新的生活方式，结果不但治好了我的失眠症，而且也不再忧虑了。我让自己一直忙着，忙到我必须付出所有的精力和时间，根本没有时间去忧虑。以前我一天只工作7个小时，而现在我一天要工作十五六个小时。我每天早上8点就到办公室，一直干到半夜。每天半夜回家后，我总是筋疲力尽地躺在床上，不过几秒钟就沉沉入睡。

这样过了将近3个月之后，我改掉了忧虑的习惯，再次恢复了每天工作七八个小时的正常状态。这件事情发生在18年前，从那以后，我就没有再失眠和忧虑过。

萧伯纳总结说："人们之所以忧虑，就是有空闲时间来想想自己到底快乐不快乐。"所以，要想战胜忧虑，就不必去想它，让自己忙起来，这是世界上治疗忧虑的最便宜、最有效的良药。

不为小事而烦恼

芝加哥的约瑟夫·沙马士法官在仲裁过4万多件不愉快的婚姻案件之后说："婚姻生活之所以不美满，根本原因通常都是一些琐碎的小事情。"纽约州地方检察官法兰克·荷根也说："在涉及人命的刑事案件里，有一半以上都是由一些很小的事情引起的：在酒吧里逞英雄，为一些小事而争吵，讲话侮辱人，措辞不当，行为粗鲁，等等。可就是这些小事情，结果引起了伤害和谋杀。很少有人真正天性残忍，即使那些犯了大错的人，也都是因为自尊心受到了小小的损害，或受到一些小小的屈辱，或是由于虚荣心得不到满足。"

有一次，我们到芝加哥一个朋友家里吃饭。在分菜的时候，他有些小事情没有做好。我当时并没有注意——即使我注意到了，也不会在乎。可是他的太太看见了，她立即当着我们的面跳起来指责她丈夫。"约翰，"她大声叫道，"看看你在做什么！难道你永远也学不会如何分菜吗？"然后她对我们说："他老是犯错，简直就是心不在焉。"也许他确实没有好好做，可是我实在佩服他能够跟这样的太太相处20年之久。

这件事情之后不久，我太太请了几位朋友到家里来吃晚饭。就在他们快来的时候，我太太突然发现有3条餐巾和桌布的颜色不搭调。

"我冲到厨房里，"后来她告诉我说，"结果发现原来是另外3条餐巾送出去洗了。客人这时已经到了门口，我没有时间再换上新的，急得差点哭了出来。我当时在想：为什么我会犯这么愚蠢的错误，毁了我整个晚上？然后我又想：为什么要让它毁了我呢？于是，我坐下来开始吃晚饭，决定好好地享受一下。而我真的做到了——我情愿让我的朋友们认为我是一个比较懒散的家庭主妇，也不想让他们认为我是一个神经兮兮、脾气暴躁的女人。后来据我所知，根本没有人关心那些餐巾的问题。”

人也不该为这些小事而忧虑，如果他希望求得内心平静的话。

在大多数时间里，要想克服由小事所引起的困扰，只要把看法和重点转移一下就可以了——这是让你有一个新的开始而且能使你开心的办法。我的朋友荷马·克罗伊是一位作家，他为我们举了一个好例子。

他以前写作的时候，总是被纽约公寓热水灯的响声吵得要发疯。因为蒸气会不停地作响，他听到之后会坐在书桌前气得直叫。

“后来，”荷马·克罗伊说，“有一次我和几个朋友一起出去露营时，偶然听到了木柴烧得很响的声音，我突然想到这些声音多么像热水灯的响声，但我为什么会喜欢这种声音，却讨厌那种声音呢？回到家后，我对自己说：‘火堆中木头的爆裂声很好听，可热水灯的声音也差不多，我应该埋头就睡，不必理会这些噪声。’结果，我真的做到了，开始几天我可能还会注意热水灯的声音，可是不久我就完全忘记了这事。

“很多其他的小忧虑也是一样，因为我们不喜欢，结果弄得整个人都很颓丧，而这正是因为我们夸大了那些小事的重要性……”

狄斯累利曾说过：“生命如此短暂，不能再只顾小事。”

皮瑞克里斯也在2400年前就曾说过：“来吧，诸位！我们已经在小事上浪费太多时间了。”一点也不错，的确如此。

让忧虑“到此为止”

你想不想知道如何在华尔街赚钱？当然，有100万美元以上的人都想知道这一点。如果我知道这个问题的答案，那我这本书就要卖1万美元一本了。给我讲下面这个故事的人叫查尔斯·罗伯兹，他是一个投资顾问。

“我刚从得克萨斯州来纽约的时候，身上只有2万美元，是朋友拿给我做股票市场投资的。”查尔斯·罗伯兹告诉我说，“我原以为自己对股票市场很在行，可是最终我赔得分文不剩。虽然以前我曾在某些生意上赚了几笔，可是最后全都赔光了。

“如果我只把自己的钱赔光了还好，可是我把朋友们的钱也赔了进去，尽管他们都很有钱，但我也必须对他们的钱负责。在投资出现这种不幸的结果之后，我实在很害怕再见到他们，但我没有想到，他们对这件事情不仅看得很开，而且还非常乐观。

“我开始仔细研究自己所犯的错误。我下定决心，在再次进入股票市场以前，一定要先弄明白股票市场到底是何物。于是，我找到一位最成功的投资预测专家——波顿·卡瑟斯，和他交上了朋友，我相信能从他那里学到很多东西。他多年来在股市上一直非常成功，能做出这番成就的人，不可能全靠机遇和运气。

“他先问了我几个问题，并问我以前是如何操作的，然后告诉了我股票交易中最重要的一条原则。他说：‘我在股票市场上购买的股票，都设定了一个到此为止、不能再赔的最低标准。例如，买下50美元一股的股票，我给自己规定45美元。’也就是说，到该股票跌到比买进价低5美元的时候，就立刻卖出去，这样损失就可以限制在5美元内。

“‘如果你当初买得很聪明的话，你可能平均赚10～25美元，甚至50美元。因此，把你的损失限定在5美元，即使你有一半以上的判断出现错误，你还是能让你赚很多钱。’

“我很快就学会了这个秘诀，并且用这个办法替我的顾客和我挽回了许多损失。

“一段时间之后，我发现这种‘到此为止’的底线原则，也可以用于股票投资之外的地方。我开始在财务以外的问题上也给自己订下‘到此为止’的界限。在每一种烦恼和不快的事情上，我都加了一个‘到此为止’的限制，结果太妙了。”

我真希望自己很久以前就学会了这种“到此为止”的限制，并把它用于生活的每一个方面——我的急躁、我的坏脾气、我的自以为是、我的悔恨以及所有的精神与情感的压力。为什么我以前没有想到这一点呢？为什么我以前没对自己说“这件事情不值得这么担心——不必再去多管”呢？

不过，我觉得自己至少在一件事上做得还不错。那是一段很糟糕的经历——是我生命中的一次危机。当时，我几乎眼看着我的梦想、我未来的计划以及多年来的工作全都付诸东流。事情是这样的：

在我30岁的时候，我决定这辈子以写小说为职业，梦想做杰克·伦敦或哈代第二，那时的我对写作充满了热情。我在欧洲居住了两年——第一次世界大战刚结束的那段时期，用美元在欧洲生活还是很划算的。我在那儿完成了我的“杰作”，我为那本书取名《大风雪》。这个书名取得糟透了，因为所有出版商对它的态度都像呼啸着刮过大平原的狂风暴雪一样冷酷。当经纪人告诉我，这部作品一文不值，我根本没有写小说的天赋的时候，我的心跳几乎停止了。

我茫然失措了，当时即使有人用棒子打我，我也不会有任何反抗——我被自己的作品无人问津这个事实彻底打败了。我发现自己此时正站在生命的十字路口，必须做一个非常重大的决定。

我该怎么办呢？该往哪个方向走呢？几个星期之后，我才从迷茫中醒悟过来。当时，我从来没有听过“为你的忧虑划定‘到此为止’的界限”这种说法，可是现在回想起来，我当时正好那样做了：我把自己费尽心血写那本小说的经历视为一次宝贵的人生体验，然后我让这件事情告一段落，重新回去干起了成人教育的老本行，有时间则写一些传记和非小说类的实用书籍。

我对自己做了这样的选择感到非常庆幸。实际上，现在我只要想起这件事，就会得意地想在大街上跳舞。我可以很肯定地说，从那以后，我从来没有哪一天或哪一个小时后悔自己没成为哈代第二。

在100年前的一个夜晚，当一只鸟在华登湖畔的树林里鸣叫的时候，梭罗用鹅毛笔蘸着自制墨水，在日记里写道：“一件事物的代价需要当场交换，或在最后付出。”用另外一种方式来说：如果我们以牺牲自己的生活作为代价，无论我们得到的是什么，我们都是这个世界上最大的傻瓜。

在美国南北战争期间，有一次林肯的几位朋友攻击林肯的政敌。林肯说：“你们对私人恩怨的感受比我多，可是我总觉得这样很不值——一个人实在没有必要把时间花在争吵上。只要那个人不再攻击我，我就不会再和他计较。”

富兰克林也犯过一个让他终生难忘的错误。他7岁的时候，特别喜欢玩具店的一支哨子。征得父母同意后，他便兴奋地跑进玩具店，把他所有的钱放在柜台上，连价钱也不问就把那支哨子买了下来。

“然后，我回到家，”他70年后写信告诉他的朋友说，“吹着哨子满屋跑，非常得意。”可是当哥哥姐姐发现他买哨子给人多付了钱时，大家都取笑他，而他懊恼得大哭了一场。

许多年之后，富兰克林成了一位世界知名人物，担任美国驻法国的大使，可他还记得自己买哨子多付了钱这件小事，他因为这件事而受到的痛苦远远多过哨子带给他的快乐。

有过类似经历的还有大文豪托尔斯泰，也就是《战争与和平》和《安娜·卡列尼娜》这两部伟大的小说的作者。根据《大不列颠百科全书》的记载，在托尔斯泰生命最后的20年里，他“可能是全世界最受人尊敬的人”，他的崇拜者不断地去他家，希望能见到他一面，能听听他的声音，哪怕只摸一摸他的衣角也好。有人甚至记下他说的每一句话。可是在生活中，70岁的托尔斯泰还不如7岁的富兰克林聪明。

托尔斯泰娶了一个他非常喜欢的女孩。事实上，最初他们在一起的时候非常开心，所以他们常常跪下来祈祷，希望他们一直过着神仙眷侣的生活。然而，托尔斯泰的妻子天性善妒，她常常把自己打扮成乡下姑娘，到处打探他的行踪，甚至溜进树林里去监视他。

她甚至忌妒自己的亲生女儿。夫妻之间发生了许多很可怕的争吵，她在地板上撒泼打滚，拿着毒药威胁说要自杀。孩子们吓得缩在屋子的角落里，尖声大叫。

托尔斯泰是怎么做的呢？如果他暴跳如雷，把家具砸得粉碎，我倒不怪他，因为他有理由这样做。可是他把她的“罪行”全部记在一本私人日记里！为了让儿女们原谅自己，他将一切责任都推到了妻子身上——这就是他的“哨子”。

而他妻子又用什么办法来对付他呢？她撕毁并烧掉了他的日记，然后自己也写了一本日记，把错误都推在托尔斯泰身上。她甚至还写了一本小说，书名为《谁之过》。在这本小说里，她把丈夫描写成一个家庭破坏者，而她自己则成了拯救家庭的勇士。

为什么他们的家庭会变成托尔斯泰口中的“疯人院”呢？显然，这里有几个理由，其中之一就是他们都非常希望引起别人的注意。他们最顾忌的就是别人的看法。可是，对他们的这些争吵，我们会不会在乎谁对谁错呢？当然不会，因为我们只会注意自己的问题，而不会浪费哪怕一分钟去考虑托尔斯泰家里的事。

你看，这两个无知的人为他们的“哨子”付出了多么大的代价。这么多年的时间他们都生活得极其痛苦，只因为两个人都不愿先罢手说“不要再吵了”。他们两人都没有足够的价值判断力，没有能力说“让我们在这件事情上打住吧！这是在浪费生命，让我们现在就停止吧”。

不错，我相信“具备正确的价值观念”是获得内心强大的最大的秘密之一。我也相信，只要能够确定一个标准，我们有一半的忧虑就可以立刻消除——这个标准就是：想清楚和我们的生活比起来，什么样的事情才值得在乎。

第九章

让自己阳光一点

永远保持积极向上的心态

几年前我参加了一个电台的广播节目，他们问我：“你所学到的最重要的一课是什么？”

这个问题对我来说很简单。我所学到的最重要的一课，就是“思想的重要性”。只要我知道你在心里想些什么，就可以判断出你是一个怎样的人，因为每一个人的性格特征都是由人的思想造成的。我们的命运也完全取决于自己的心理状态。爱默生就曾说：“一个人就是他自己成天所想象的那种样子……他怎么可能成为另一种样子呢？”

我现在可以肯定地说，你和我所必须面对的最大问题就是如何选择正确的思想——事实上这几乎可以算是我们需要应对的唯一问题——如果我们能够做到这一点，就可以解决一切问题。曾经统治罗马帝国的伟大哲学家马可·奥勒留把这些总结成一句可以决定你的命运的话：

“生活是由思想形成的。”

不错，如果我们所想的都是快乐的东西，就可以获得快乐；如果所想的都是悲伤之事，那我们就会悲伤；如果所想的是一些恐怖的情况，那我们就会恐惧；如果我们所想的是不好的念头，那我们恐怕就不得安宁；如果我们所想的全都是失败，那就赢不了；如果我们沉浸在自我哀怜之中，别人都会有意躲开我们。

我这么说，是不是在暗示大家都应该用习惯性的乐观态度去应对一切困难呢？当然不是的，因为生命不会如此简单。但我要鼓励大家尽量采取积极正面的态度，而不是消极反面的。换一句话说，我们必须关注自己所面临的问题，但却不能为此而忧心忡忡。

关注和忧虑之间的区别何在呢？关注指的是要了解问题出在哪里，然后镇定自若地采取各种办法解决它；而忧虑却是盲目而疯狂地转圈子。让我说得更明白一些吧。每当要通过交通拥挤的纽约市街区时，我对自己正在做的这件事就会很注意，可是我并不会忧虑。

此外，精神状态也会对我们的身体和力量产生令人难以相信的影响。英国著名的心理学家哈德菲曾在他那本只有54页的小册子《力量心理学》中解释了这种情况。

“我请来了三个人，”他写道，“以测试心理受生理的影响。我们采用了握力计来测量。”

他要求他们在三种不同的情况下，竭尽全力抓紧握力计。在一般的清醒状态下，参与者的平均握力是101磅。第二次实验时，有人将他们催眠，并暗示他们非常虚弱。结果，那三个人的平均握力只有29磅——而这还不到他们正常力量的三分之一。

然后，哈德菲再让这些人做第三次实验：在催眠之后，他告诉这三个人，他们非常健壮。结果，他们的平均握力达到了142磅。当他们在内心非常肯定地认为自己有这种力量之后，他们的力量几乎增加了50%。这就是令人难以置信的心理力量。

我从事成人教育35年，知道只要改变自己的想法，就能够打败忧虑、恐惧和很多心理疾病，就能改变自己的生活。我知道！我知道！我知道！所有这一类变化，我都目睹过好几百次。我看到的是如此之多，以至于早已经见怪不怪。

我的一个学员曾经历了一次精神崩溃。原因是什么呢？是他自己的忧虑。

那个学员对我说："我对什么事情都感到忧虑。这是因为我太瘦弱了，我发现自己正在掉头发，因为我担心自己永远都赚不到足够的钱来娶老婆，因为我担心永远没有办法做一个好父亲，因为我担心失去自己想要娶的那个女孩子，因为我认为自己现在的生活不够好，因为我担心自己给别人的印象不好，我还担心自己得了胃溃疡，于是我无法正常工作，就只好辞职。我内心越来越紧张，就像一个没有安全阀的锅炉，内心的压力终于达到了令人难以忍受的地步。而这种情况必然有一个退路——结果真的出事了。如果你从来没有经历过精神崩溃的话，但愿你永远也不要有这种体验。没有任何一种肉体上的痛苦，能够比精神上的那种极度痛苦更厉害的了。

"我精神崩溃的程度甚至严重到不能与家人沟通。我无法控制自己的思想，内心充满了恐惧，只要稍有一点点声响，我都会吓得浑身发抖。我躲开每一个人，常常会无缘无故地哭起来。

"我难以忍受这些痛苦，觉得自己被所有的人抛弃了。我真想跳进河里，一死了之。

"后来我决定去佛罗里达旅行，希望换个环境，会对我有所帮助。我踏上火车之后，父亲交给我一封信，并告诉我等到达佛罗里达后再拆。我到佛罗里达的时候，正值旅游旺季，因为在宾馆订不到房间，我就租了一家汽车旅馆的房子住了下来。我想在迈阿密一艘不定期的货船上找一份差事，但没有找到，于是便把时间都消磨在海滩上了。我在佛罗里达时，比在家的时候更难受。这时，我拆开父亲给我的那封信，看看父亲写了些什么。

"他在信中写道：'儿子，你现在在离家1500英里远的地方，但你并没有觉得有何不同，对不对？我也知道你不会觉得有何不同，因为你还是带着所有麻烦的根源——也就是你自己。其实，无论是你的身体还是你的精神，都没有任何问题。因为这一切并不是你所遇到的环境给了你挫折，而是由你的各种想象造成的。总之，一个人的心里想什么，他就会成为什么样子。当你理解到这点之后，我的儿子，回家来吧。因为那时你就能医好你自己了。'

"父亲的信令我非常生气——我要的是同情，而不是训斥。当时我气得打算再也不回家。那天晚上，我路过迈阿密一条小街的时候，经过一个教堂，里面正在举行礼拜。在教堂里，我竟听到了和我父亲信中所说的类似的话语，这一点实在令我非常震惊，本来我还想改变这个世界以及全世界所有的人呢——但事实上，唯一真正需要改变的，是我自己的大脑。

"第二天一大早，我收拾好行李回了家。一个星期以后，我又回去干以前的工作。4个月以后，我娶了我一直害怕失去的那个女孩，现在我们有了一个快乐的家庭，还有5个子女。在我精神崩溃的时候，我只是一个小部门的晚班工头，手下有18个工人；现在我成了一家纸箱厂的老板，管理着450多名员工。和以前相比，我的生活更充实、更美好了。我认为自己现在已经了解了生命的真正价值，每当感到不安的时候，我就会告诉自己，只要把心态调整好，一切就都好办了。"

这就是那位学员的亲身体验。

我深信，我们内心的强大和我们从生活中所得到的快乐，并不取决于我们在哪里，或我们有什么，或我们是什么人，而只取决于我们的心境如何，外在的条件并没有多大的影响。

300年前，弥尔顿在双目失明之后也发现了同样的道理："思想的运用和思想本身，就能把地狱改变为天堂，或者把天堂改变为地狱。"

拿破仑和海伦·凯勒就是弥尔顿这句话的最好例证。拿破仑拥有普通人梦寐以求的一切——荣耀、权力以及财富——可他却这样说：“我这一辈子从来没有过一天快乐的日子。”而海伦·凯勒——她既瞎又聋，还是个哑巴——却宣称：“我发现生命是如此美好。”

如果说半个世纪的人生经历曾使我学到了什么道理，那就是“除了你自己，没有任何东西可以给你带来平静”。

我想再重复一次爱默生在他那篇散文《自信》中所写的那句结束语：“不要认为一次政治上的获胜，收入的提高，病体的康复，或是分手许久的好友的归来，或是任何其他纯粹外在的事物能提高你的兴致，使你觉得眼前有许多美好的日子。不要相信它，事情绝不会是这样简单的。除了你自己，没有任何东西能给你带来平静。”

伟大的斯多葛派哲学家爱比克泰德曾警告我们说：我们应该竭尽全力消除思想中的错误，这比割除“身体上的肿瘤和脓疮”更加重要。

伟大的法国哲学家蒙田也以下面的话来作为他生活的座右铭：“一个人因意外事故所受到的伤害，远远不如他对事故所拥有的想法深刻。”而我们对所有事物的意见，完全取决于我们自己如何做出判断。

当你饱受各种烦恼困扰，整个人的精神都紧张不安的时候，我是否应该大胆地告诉你：你完全可以凭借自己的意志力，来改变你的心境。不错，我应该这么做，而且我还要告诉你如何做到这一点。这可能要花一点精力，可是秘诀却非常简单。

实用心理学权威威廉·詹姆斯曾经发表过这样的理论：“行动似乎是随着感觉而来的，可事实上，行动和感觉是同时发生的。如果能够将我们的意志控制行动规律化，那我们也能够间接地使那些不由意志控制的感觉规律化。”

换一句话说，威廉·詹姆斯告诉我们，不应该只凭“下定决心”就改变我们的情感——可是我们可以改变自己的行为。而当我们改变行为的时候，就会自然而然地改变我们的感觉。

他解释说："如果你感到不快乐，那么能找到快乐的唯一的方法，就是振作起来，使你的行动和言语表现得好像已经感觉快乐的样子。"

这种简单的办法是不是有效呢？你不妨亲自试一试：脸上露出开心的笑容，挺起胸膛，做一次深呼吸，然后哼一首小曲，如果你不会唱，那就吹吹口哨，如果你不会吹口哨，那就随便哼点什么。很快你就会发现威廉·詹姆斯所说的是什么意思了——也就是说，当你能够用行动显示出自己很快乐时，你就根本不会再忧虑和颓丧了。

让我们记住威廉·詹姆斯的话："通常，只要把受苦者的内心感觉由恐惧转变成奋斗，就可以把我们所谓的大部分邪恶转变为有所裨益的东西。"

让我们为自己的快乐而奋斗吧！

让我们设计一个能给自己每天带来快乐，并且富有建设性的计划，使我们得到快乐吧！

下面就是这个计划，名字叫"只为今天"。我认为这个计划非常有用，所以复印了几千份送给别人。如果我们能够照它去做，就能消除大部分的忧虑，从而大大增加"生活上的快乐"。

只为今天，我要快乐。如果林肯所说的"大部分人只要下定决心，都能很快乐"这句话是对的，那么快乐是来自人的内心，而不是来自于外界。

只为今天，我要使自己适应一切，而不是企图调整一切来适应我的欲望。我要以这种态度来接受我的家庭、我的事业和我的运气。

只为今天，我要爱惜我的身体。我要多运动，照顾好自己，珍惜自己，不损伤身体，不忽视身体，使它成为我获取成功的良好基础。

只为今天，我要加强我的思想。我要学一些有用的知识，决不做一个胡思乱想的人。我要读一些需要思考，更需要集中精力才能读下去的书。

只为今天，我要做个受人喜欢的人。我的外表要尽量修饰，穿着要尽量得体，说话要低声，行动要优雅，一点都不在乎别人的毁誉。我要对任何事都不挑毛病，也不干涉或教训别人。

只为今天，我要试着只考虑如何过好今天，而不是奢望一次就解决我一生的问题。我虽然可以持续12个小时做一件事，但若一辈子这样做下去的话，就会毁了我。

只为今天，我要制订一个计划，要写下每小时该做些什么。也许我不会完全照着它去做，但还是要订下这个计划——这样至少可以减少两种缺点——过于匆忙和犹豫不决。

只为今天，我要为自己留下半小时的安静，让自己轻松下来。在这半小时里，我要想到是神使我的生命更加充满希望。

只为今天，我要内心毫无惧怕。我尤其不能害怕快乐，我要去欣赏一切美，去爱一切，相信我所爱的那些人也会爱我。

不要想着报复别人

多年前的一个晚上，我旅行途经黄石公园，一位森林管理员告诉我们这群兴奋的游客许多有关熊的事情。他说有一种大灰熊几乎可以打败所有动物，除了水牛和另一种黑熊。

就在那天晚上，我发现一只大灰熊从森林里跑了出来，还与一只小动物在灯光下共进晚餐。那是一只臭鼬！大灰熊很清楚，自己只要扬起巨掌，就可以一掌打死这只臭鼬，但它并没有那样做。为什么呢？因为它知道那样做对它来说很划不来。

我也知道这个道理。当我还是个孩子的时候，曾在密苏里州的农庄抓过这种四只脚的臭鼬。我知道，招惹了臭鼬，可不是明智之举。

当我们痛恨我们的仇人时，就等于给了他们战胜我们的力量。那种力量能够影响我们的睡眠、我们的食欲、我们的血压、我们的健康和我们的快乐。如果我们的仇人知道他们是如何让我们担心、让我们烦恼、让我们一心只想报复的话，他们一定会高兴得手舞足蹈的。我们心中的恨意完全伤害不到他们，可是却使我们自己的生活变成地狱。

最近，我的一个朋友突然发作严重心脏病，医生要求他躺在床上，不论发生任何事情都不能生气。作为医生，都知道患有心脏衰竭症的人，一旦生气就可能断送性命。几年前，华盛顿有一家餐馆的老板就因为生气而猝死。

我面前现在就有一封来自华盛顿警察局局长杰瑞·施瓦脱的信。他在信中说：“几年以前，68岁的威廉·崔堪伯先生开了一家小餐馆。厨师用茶碟喝咖啡，这家小餐馆的老板非常恼火，抓起一把左轮手枪去追那个厨师，结果因心脏病发作而倒地死去。验尸员报告说，他是因为愤怒而导致心脏病发作。”

我认识一些女性，她们的脸颊因为怨恨而布满了皱纹，因为悔恨而变了形。无论她们如何做美容，都不能让自己的心里充满宽容、温柔和爱。

怨恨之心甚至会毁坏我们享受食物的美味。哲人说：“怀着爱心吃蔬菜，也会比怀着怨恨吃牛肉要好得多。”

假如我们的仇人知道我们由于对他的怨恨而精疲力竭，或者紧张不安，甚至使得我们的身体受到损伤，使得我们心脏病发作，他们难道不会拍手欢呼吗？

即使我们不能爱我们的仇人，那至少也要爱我们自己，不能让仇人控制我们的快乐、我们的健康和我们的外表。这正如莎士比亚所说的：“不要因为你的敌人而燃起一腔怒火，结果却烧伤了自己。”

也许我们不能像伟人那样爱我们的仇人，但为了自己的健康和快乐，至少我们应该原谅他们、忘记他们。如果能这样做，实在是聪明之举。有一次，我问艾森豪威尔将军的儿子约翰，他父亲是否一直怀恨别人。“不，”他回答说，“我父亲从来不去为那些不喜欢的人而浪费一分钟。”

有句老话说：“不会生气的人是笨蛋，而不生气的人才是聪明人。”

这也正是纽约州前州长威廉·盖诺的座右铭。一次，他被一份街头小报骂得狗血淋头，接着又被一个疯子打了一枪，几乎送了命。他躺在医院，生命垂危，但他仍然说，“每天晚上我都会原谅所有的事情和所有的人。”

这样做是不是有些太理想化了呢？是不是过于轻松、过于美好了呢？如果是这样的话，就让我们来看看德国伟大的哲学家、“悲观论”的作者叔本华的理论。他认为生命就是一次毫无价值而又充满了痛苦的冒险，当他走过生命中的每一刻的时候，全身似乎都散发着痛苦。可即使是在绝望的深处，叔本华仍然说道：“如果可能的话，不应该对任何人产生怨恨。”

有一次，我遇到了博纳·巴鲁屈(他曾担任过6位总统——威尔逊、哈定、柯立芝、胡佛、罗斯福和杜鲁门的顾问)。我问他会不会因为敌人的攻击而难过？“没有人能够羞辱我或干扰我，”他回答说，“我不会让他们得逞的。也没有人能够羞辱或困扰你我——除非我们让他这样做。棍棒和石头也许能打断我的骨头，但用言语永远都伤害不了我。”

古罗马哲学家爱比克泰德在1900年前就曾经指出：“每一个人都会为他自己所犯的错误付出代价。能够记住这点的人，就不会对任何人生气，也不会和任何人争吵，不会辱骂别人、斥责别人、侵犯别人、痛恨别人。”

在美国历史上，大概没有哪一届总统所受到的责难、怨恨和陷害比林肯更多的了。但是，根据传记记载，林肯“从来不以他自己的好恶来评判别人。如果有什么工作要做，他也会想到他的敌人能做得和其他人一样好。如果一个人以前曾经羞辱过他，或者对他个人不敬，但这人却是某个职位的最佳人选，林肯仍然会让他担任那个职位，就像派他的朋友去做这件事一样，而且他也从未因为某人是他的敌人，或者因为他不喜欢某个人，而解除对方的职务。许多被林肯委以重任的人，以前都曾批评或羞辱过他——如麦克里兰、爱德华·斯坦顿和查尔斯。但林肯认为‘没有人会因为他做了什么事而被歌颂，或因为他做了什么或没有做什么而被废黜。’”

人们总会受条件、情况、环境、教育、生活习惯和遗传等因素的影响，使他们成为现在这种状态，将来也永远是这种状态。

其实，有一个行之有效的方法，能使我们原谅和忘记那些误解和错怪我们的人，那就是让我们去做一些绝对超出自己能力的大事，这样我们所遭受的侮辱和敌意就显得无关紧要了。只有这样，我们才不会浪费精力去计较理想之外的事。

乐于施舍，不图回报

有一次，我在得克萨斯州遇到一个商人，他正为某事发怒。有人警告我说，只要我认识他不到一刻钟，他就会原原本本地将事情告诉我。果不其然，令他生气的那件事是在11个月以前发生的，可是他的火气到现在还是大得吓人，简直抑制不住不谈那件事——他给34名员工总共发了10000美元的年终奖金，但是没有一个人感激他。“我实在后悔莫及，”他很伤心地埋怨说，“应该不给他们一分钱。”

一位伟人说过：“愤怒的人，心里都会充满怨恨。”这个人的内心就充满了怨恨，我实在非常同情他。因为他浪费了将近一年的时间，来抱怨一件早已发生的事情。

他不该总是陷入怨恨和自怜之中，而应该问问他自己，为什么没有人会感激他？也许是他平时给员工支付的薪水太低，但分给他们的工作却太多；也许是员工认为年终奖金并不是什么礼物，而是他们凭劳动赚来的；也许是他平常对人太挑剔、太苛刻，所以没有人愿意感谢他；也许是他们认为他之所以给大家年终奖金，是因为这些收益的大部分得拿去交税。

从另一方面来说，那些员工也许都很自私，很不讲礼貌。也许是这样，也许是那样，我和你一样不知道事情的真相，但我确实知道，萨姆尔·约翰逊博士曾说过：“感激别人的恩惠是良好教育的结果，但这很难在一般人中找到。”

我想说的是，某个人希望别人感激他的恩德，正犯了一般人共有的毛病，因此可以说是完全不了解人性。

如果你救了某人的性命，你是不是希望他感激你呢？可能会。萨姆·里博维兹在担任法官之前，是一个有名的刑事律师，他曾救过78人的命，使他们不必被判死刑。你想，在这些人当中，有多少人感激萨姆·里博维兹，或者送他一张圣诞卡呢？有多少？猜猜看……一点都不错——一个也没有！

至于钱，就更没指望了。查尔斯·舒温博曾告诉我，有一次他救了一位挪用银行公款的出纳员。那个人用公款投资股票出了事，舒温博用自己的钱救了那个人，使他不至于受罚。结果那位出纳员会感激他吗？的确，他确实感谢了那么几天，但却很快就转过身来辱骂和批评舒温博——这个曾使他免于牢狱之灾的人。

要是你给了一位亲戚100万美元，你是否希望他感激你呢？安德鲁·卡耐基就曾做过这样的事。可是，如果安德鲁·卡耐基能够死而复生的话，他一定会吃惊地发现那位亲戚正在咒骂他。为什么呢？因为卡耐基捐给了公共慈善机构3.65亿美元——这使得那位亲戚怪他“只给了自己区区100万美元”。

人终究是人，在他的有生之年大概都不会有什么改变，事情就是这样。那么我们为什么不接受这个事实？为什么不像曾统治过古罗马帝国的那个聪明的马可·奥勒留那样认清现实呢？他曾在日记中写道：“我今天就要去见那些多嘴多舌的人——那些自私的、以自我为中心的、丝毫不知感激的人。可是我对此既不吃惊，也不难过，因为我无法想象，一个没有这种人的世界将是什么样的。”

这话很有道理吧？要是你总是埋怨别人不感激你，那么又该怪谁呢？是抱怨人性如此，还是怪我们自己不了解人性呢？如果我们施恩不望回报，却很偶然得到了别人的感激，那就是一种意外之喜。但如果我们得不到这种感激，也不必为此而难过。

人类的天性是容易忘记对别人表示感激，所以，如果我们对别人施以薄恩就希望得到别人的感激，那我们一定会十分头痛。

我的父母很乐于助人，但我们家很穷，总是债台高筑，不过穷归穷，每年我的父母总是会尽量想办法给孤儿院送点钱去。那个孤儿院设在艾奥瓦州。我父母从来没有去过那里，或许也没有人为他们所捐的钱谢过他们——除了写信之外——但他们所得到的回报却非常丰厚，他们从帮助孤儿中得到了乐趣，所以并不希望或等着别人来感激他们。

当我离开家之后，每年圣诞节我总会给我的父母寄一张支票，让他们买些自己喜欢的东西，但他们很少这样做。当我每年的圣诞节前几天回家的时候，父亲就会告诉我，他们又买了些煤和杂货送给镇上那些有一大群孩子却没有钱买食物和木柴的人。他们送出这些礼物时，也得到了许多快乐——那是只有付出而不希望得到任何回报的快乐。

我相信我的父母有资格做亚里士多德所谓的“理想的人”，也就是最快乐的人。“理想的人，”亚里士多德说，“以对人施惠为快乐，但却会因别人对他施惠而感到羞愧。因为待人仁慈者会高人一等，而接受别人的恩惠，则代表低人一等。”

如果我们想获得快乐，就不要想别人会感恩还是忘恩，而只需要享受施惠的快乐。

几千年来，为人父母者一直为儿女不知感恩而悲伤难过。就连莎士比亚笔下的李尔王也叫道：“一个不知感恩的孩子，比毒蛇的牙齿还要尖利。”

可是，孩子们为什么要感激呢——除非我们教育他们应该那样。忘记恩德是人类的天性，就像野草一样；而感恩却如玫瑰，必须给它施肥浇水，给它教养、爱和呵护。

如果我们的子女忘恩负义，那该怪谁呢？也许要怪我们自己。如果我们从来都不教他们如何感激别人的话，我们又怎么能希望他们感激我们呢？

我认识一个人，他住在芝加哥。他常常抱怨他的两个养子不知感恩。他的抱怨当然有道理。他在一家纸箱厂工作，每星期赚的钱不到40美元。他娶了一个寡妇，那个女人向他借钱供她的两个儿子上大学。他每周的薪水只有40美元，要买吃的、付房租、买燃料、买衣服，还要偿还债务。

有没有人对他表示感谢呢？没有，他太太认为这是理所当然的，而他那两个宝贝养子也这么认为。他们从来都不认为欠了养父什么人情，因此连一句“谢谢”也没有说。

这该怪谁呢？是怪这两个孩子吗？不错，可是这更要怪那个做母亲的，她认为不应该给儿子们增加“负疚感”。她不想让两个儿子“一开始就感觉欠别人什么”，所以她从来都不曾告诉他们说，“你们的养父真是个大好人，他帮你们读完了大学。”她反而采取了另一种态度，说：“这是他应该做的。”

她认为这样做有利于她的两个儿子，可这实际上是让他们在刚走上人生道路的时候就产生“全世界都欠我们的”的观念，这是很危险的。这种观念的确很危险，后来她两个儿子中的一个曾想向他的老板“借一点钱”，结果被关进了监狱。

我们必须记住：子女的行为大部分是受父母影响的。要教育出感恩图报的孩子，就一定要自己先懂得感恩。我们要记住“小兔子耳朵长”这个道理，还要注意我们自己说过的话，并且记住当我们下一次在孩子们面前想要贬低别人给我们的好处时，最好赶快打住。永远也不要说："看，表妹送给我们当圣诞礼物的这些桌布都是她自己做的，没花一分钱。"这种话我们也许只是顺口说的，可孩子们却在听着。

学会知足与惜福

我和哈罗·艾伯特认识已有好多年，他以前是我的教务主任。有一天，他在堪萨斯城碰到我，顺便开车把我送到了密苏里州的贝尔城，也即我的农庄。我在路上问他是如何获得快乐的，他给我讲了一个我永远都不会忘记的很有意思的故事。

“以前我常为很多事情忧虑，”他说，“可是，在1934年春天的某一天，我正走在韦伯镇的西道提街上，突然发生了一件事情，使我以后再也不会为自己感到忧虑。这件事情前后只有10秒钟，但我在这10秒钟里所学到的，比我过去10年里所学的还要多。”

“我在韦伯城开过两年杂货店，”哈罗·艾伯特说，“我不仅赔光了所有的积蓄，还债台高筑，一直花了7年的时间才还清这些债务。那时我的杂货店刚在一个星期前关门，我准备去银行贷款，以便去堪萨斯城找一份工作。我完全丧失了斗志和信心，像一个一蹶不振的人那样在路上走着。突然，对面来了一个没有腿的人，他坐在一个小木板平台上，下面装着从溜冰鞋上拆下来的滑轮，他两手各抓着一块木头，撑着地面滑着过街。我看到他的时候，他刚好过了街，正想把自己撑高几英寸，上到人行道上来。就在他翘起那小木板平台的时候，我们两人的目光对视了一下，他对我咧嘴一笑说：‘你早，先生！今天早上天气真好，是不是？’他很开心地说。我站在那里看着他，才发现自己如此富有：我有两条腿，我还能走路；我为我的自怜感到羞耻，我对自己说，这个缺了双腿的人都能做到的事，我当然也能做到。于是，本来我只是打算向银行借100美元，但我现在有勇气借200美元了。我本来只是打算去堪萨斯城试试能否找到一份工作，但现在我能够自信地坚持，我要去堪萨斯城找一份工作。结果，我借到了那笔钱，也找到了一份工作。”

《时代》杂志有一篇报道，讲的是一个军官在某地受了伤，喉部被碎弹片击中，一共输了七次血。他给医生写了一张纸条，问：“我能活下去吗？”医生回答说：“可以。”他又写了一张纸条问：“我还能说话吗？”医生又回答他说可以。然后他又写了一张纸条问：“那我还担什么心？”那么，你为什么不也马上停下来问问自己：“那我还担什么心？”

很多时候，你会发现自己所担心的事情实在是很微不足道、很不重要的。

我们生活中大概有90%的事情都是对的，只有10%才是错的。如果你想得到快乐，应该做的就是把精力放在那90%正确的事情上，而不要过多地理会那10%的错误。

《格列弗游记》的作者斯威夫特可以说是英国文学史上最悲观的一位。他曾为自己的出生而难过，所以在生日那天他一定会穿黑衣服，并绝食一天。可是，即使是处于绝望之中，这位英国文学史上最著名的悲观主义者仍然坚信开心与快乐能给人带来健康的力量。他说：“世界上最好的三位医生是节食、安静和快乐。”

另外，我们能不能做到欣赏自己经过努力才拥有的一切呢？啊，很难做到。正如叔本华说的：“我们很少想到我们已经拥有的，而总是想到自己所没有的。”这正是世界上最大的悲剧，它所造成的痛苦可能比历史上所有的战争和疾病都要多。

我另一位朋友露西莉·布莱克在学会知足之前，也差点儿崩溃了。

我认识露西莉是在多年以前。当时，我们两个都在哥伦比亚大学新闻学院上短篇小说写作课程。她告诉我，9年前，她住在亚利桑那州杜森城，她的生活发生了剧变。下面是她的描述：

“我的生活一直很忙乱。我在亚利桑那大学学习风琴，又在城里开办了一所语言学校，还在我所住的沙漠柳牧场教授音乐欣赏课程。我喜欢参加各种宴会、舞会，或在星光下骑马。有一天早上，我整个都垮了，因为我的心脏病犯了。

“‘你得躺在床上静养一年。’医生告诉我说，而且他居然没有鼓励我相信还能够恢复健康。

“在床上躺一年，成为一个废人，可能还会死掉，这简直把我吓坏了。为什么我会碰到这种倒霉的事情呢？我到底做错了什么，会遭到这种报应呢？我又哭又叫，心里充满了怨恨和反抗。不过我还是遵照医生的话，躺在了床上。我的邻居鲁道夫先生是个艺术家，他对我说：‘现在你觉得在床上躺一年是个悲剧，但事实上不是的。这样你就有时间思想，能够真正认识你自己。在接下来的几个月，你在思想上的成长会比以前快得多。’

“我平静下来，开始思考，为此我看过许多能启发人思想的书。有一天，我听到一个无线电广播的新闻评论员说：‘你只能谈你知道的事情。’这一类话我以前听过不知道多少次了，可直到现在它才真正深入我的心里，并扎下根来。我决定只关注那些让我可以赖以生活的快乐而健康的思想。每天早上一起床，我就强迫自己想一些应该感激的事情：我没有什么伤心的事，我有一个可爱的小女儿，我的眼睛能看得见，我的耳朵能听得到收音机里播放的优美动听的音乐。我还有时间看书，吃得也很好，有许多好朋友，对此我非常高兴。来医院看我的人太多了，以致医生不得不挂上一个牌子，规定我每次只许接待一位客人，而且只能在某几个特定的时间里接待。

“我非常庆幸我能在床上度过那一年，那是我在亚利桑那州度过的最有价值也最开心的一年。9年来，我过着丰富多彩的生活。我现在还保持着当年养成的习惯，每天早上想想自己有多少值得高兴的事。这是我最珍贵的财富。我唯一感到惭愧的是直到担心自己会死去之前，我才真正学会了如何生活。”

亲爱的露西莉・布莱克，也许你并不知道，你所学到的这一课，正是萨姆尔・约翰逊博士在200多前所认识到的。“培养只看事物好的一面的习惯，”约翰逊博士说，“比每年赚1000多镑更有意义。”

我想提醒诸位的是，这些话并非出自一个天生乐观的人之口。说这话的约翰逊博士曾经历过痛苦，缺衣少食地过了20年，最后终于成为他那个年代最有名的作家，也成为历史上最著名的演讲家之一。

罗根・皮尔萨尔・史密斯用几句很简单的话说出了一番大道理。他说：“生活中应该有两个目标。首先，要得到你所希望得到的；然后，在得到之后要充分享受它。只有最聪明的人才能做到第二步。”

你想不想知道在厨房的水槽中洗碗也可以是一次宝贵的经验呢？如果你想知道的话，可以去看一本书，它主要谈论令人难以置信的勇气，并且很具有启发性，该书名叫《我希望能看见》，它的作者是波姬儿・戴尔。

这本书的作者是一个女性，她几乎失明达50年之久。“我只有一只眼睛，”她写道，“眼睛上满是疤痕，只能透过眼睛左边的一个小洞来看外界。看书的时候，我必须将书本移到离脸很近的地方，同时不得不把另一只眼睛往左边斜过去。”

可是她拒绝别人施舍的怜悯，更不愿意别人认为她“与常人不同”。小时候，她想和其他小孩一起玩跳房子的游戏，可是她看不见画在地上的线，于是就在其他孩子都回家以后，一个人趴在地上，把眼睛贴在地上认真地看。她把那块地方的每一处都牢记在心，不久就成为跳房子游戏的好手。

在家中看书时，她把印有大字的书紧紧地靠近自己的脸，几乎连眼睫毛都能碰到书页上。后来她获得了两个学位：先在明尼苏达州立大学获得学士学位，不久又在哥伦比亚大学获得硕士学位。

她起初在明尼苏达州双谷镇的一个小村子里教书，后来被南达科他州奥格塔那学院聘为新闻学和文学教授。她在那里工作了13年，还在许多妇女俱乐部发表演说，并在电台主持图书评论的节目。

“在我的脑海深处，”她写道，“常常怀着一种担心完全失明的恐惧。为了克服恐惧，我对生活采取了一种快乐而几近戏谑的态度。”

在1943年，也就是她52岁的时候，奇迹发生了。她去著名的梅育医院做了一次手术，结果视力比以前提高了40倍。

一个全新的、令人兴奋而又可爱的世界重新展现在她的眼前。现在她发现，即使是在厨房的水槽里洗碟子也会让她觉得很开心。“我开始玩洗碗槽中的肥皂泡沫，”她写道，“我把手伸进去，将一大把小小的肥皂泡沫抓住，把它们迎着光举起来。我从每一个肥皂泡沫里看到了一道小小的彩虹闪现出来的明亮色彩。”

你和我都应该感到惭愧。这么多年来，我们每天都生活在一个美丽的童话王国里，可是我们却对此视而不见。

第十章

活出自我，保持精神健康

放松你那紧绷的神经

下面这个事实会让你感到非常吃惊：单纯用脑不会让人疲倦。

这句话听起来好像非常荒谬。科学家们曾试图研究人的大脑能够连续工作多久仍“保持能量不会减少”，也就是从科学的角度对疲劳下定义。令这些科学家们吃惊的是，他们发现通过活动中的大脑细胞的血液毫无疲劳的迹象，但如果你从一个正在做体力工作的人的血管里抽出血液，就会发现他的血液里充满了“疲劳毒素”和各种废物。

既然人的大脑在8小时甚至12小时之后，工作能量还和刚开始时一样迅速而有效率，完全没有疲倦……那到底是什么使人感到疲倦的呢?

心理治疗专家认为，我们所感受到的疲劳多半是由精神和情感因素引起的。英国最著名的心理分析家J.A.海德菲在他写的《权力心理学》一书中说：“我们所感受到的绝大部分疲劳都是由于心理因素导致的。事实上，纯粹由生理原因引起的疲劳是很少的。”

美国一位著名的心理分析家布列尔博士说得更详细。他说：“一个坐着工作的人如果健康状况良好的话，他的疲劳完全来自心理因素，也就是受情感因素的影响所致。”

那么，哪些心理因素会影响到坐着工作的人，使他们感到疲劳呢?是快乐吗？是满足吗？都不是，绝不是！烦闷、懊悔，得不到欣赏，没有成就感，过于匆忙、焦急和忧虑——这才是导致那些坐着工作的人筋疲力尽的心理因素。这些因素会使人容易感冒，工作成绩下降，出现神经性头痛。不错，我们之所以感到疲劳，就是因为我们的不良情绪使我们的身体素质下降。

大都会人寿保险公司在一本讨论疲劳话题的小册子上特别指明了这一点："艰难的工作本身很少会造成连充分休息都不能消除的疲劳……只有忧虑、紧张和情绪不安，才是产生疲劳的三大因素。通常我们认为是由于操心劳力所产生的疲劳，实际上都可以归咎于这三个原因……请记住，放松你那紧绷的神经，放松你那正在工作的肌肉，储备好你的体力，以承担更重要的责任。"

请你停下来，现在就停下来！自己检讨一下：在你念这几行字的时候，是不是还皱着眉头？你是否觉得在两眼之间有一种压力？你是正轻松地坐在椅子里，还是耸起肩膀？你脸上的肌肉是不是很紧张？

为什么我们在从事脑力劳动的时候，也会产生这种不必要的紧张感呢？柯希怀先生说："我发现几乎所有的人都相信，越是困难的工作，就越要有一种压力感，否则就不能做好。"所以，当我们集中精神时，就会皱起眉头，缩紧肩膀，让所有的肌肉都"用力"。事实上，这样做对我们思考根本没有任何帮助。

一旦出现这种精神上的疲劳，该怎么办呢？记住，一定要放松！放松！再放松！要学会在工作时放松。

这容易做到吗？不，可能你得改掉你一生的习惯才能实现。可是花这种力气很值，因为这可以使你的生活发生革命性的变化。威廉·詹姆斯在他的《论放松情绪》一文中说："美国人的过度紧张、坐立不安、着急，以及痛苦，全都是不良习惯，不折不扣的坏习惯。"紧张是一种习惯，放松也是一种习惯，应该改变不良习惯，培养好习惯。

怎样才能做到放松呢？是先从思想开始，还是先从神经开始呢？都不是。你首先应该放松的是你的肌肉。

让我告诉你该怎么做：先从眼睛开始，读完这句话之后，头向后靠，闭上你的双眼。然后默默地对自己说："放松，放松！不要紧张！不要皱眉头！放松，放松！"如此慢慢地重复、再重复，坚持一分钟……

你是否发现，仅仅几秒钟，你双眼的肌肉就开始服从你的命令了？你是否感到有一只无形的手把你的紧张情绪都推开了？这看起来虽然令人难以置信，可你在这一分钟里却已经掌握了放松情绪的全部秘诀。你可以采用同样的办法来放松你的脸部、头部、肩膀，乃至整个身体的肌肉。但是，全身最重要的器官还是双眼。芝加哥大学的艾德蒙·杰科布森博士曾说，如果能做到完全放松眼部肌肉，就可以忘记所有烦恼。眼睛之所以在消除神经紧张时如此重要，是因为它们消耗了全身能量的四分之一。

著名女作家薇姬·贝姆曾说，她小时候遇到一位老人，这位老人以前曾在马戏团当过小丑，他教给她人生当中最重要的一课。那次，她摔了一跤，膝盖摔破了，还扭伤了手腕。老人扶起她，拍了拍她身上的灰尘，说："你之所以会碰伤，是因为你不知道如何放松自己。你应该把自己想象成一只袜子，一只穿旧了的袜子。来，我教你怎么做。"

老人教薇姬·贝姆和其他孩子们如何跑跳，如何翻跟头，还一直对他们说："要把自己想象成一只旧袜子，那样你就能放松了。"

在任何时候、任何地方都应该放松，但不要花太多的力气。所谓放松，就是要消除所有的紧张和压力，只想到舒适和轻松。要感觉到你的体力正经由脸部肌肉穿行到身体内。要让自己像个孩子一样，没有任何紧张的感觉。

这也是著名女高音歌唱家嘉莉·古琪采用过的办法。海伦·吉普森告诉我，他常常看见嘉莉·古琪在表演之前先坐在一张椅子上，放松全身肌肉，而且下颚松得像脱了臼似的。这种方法非常不错，可以使她在登台表演的时候不会感到太紧张，同时还可以预防疲劳。

下面五项建议可以教你学会怎样放松自己：

第一，阅读由大卫·哈罗·芬克博士所写的《消除神经紧张》。我还建议你看一看丹尼尔·柯希林写的《为什么会疲倦》。

第二，随时放松自己，使你的身体像一只旧袜子一样柔软。我工作的时候，常常在书桌上放一只旧袜子，提醒自己放松。

第三，工作时采取舒适的姿势。记住，身体的紧张会导致肩膀疼痛和精神疲劳。

第四，每天自我检讨5次，问自己："我是否使工作变得比实际上更繁重？我是否使用了与工作毫无关系的肌肉？"这些都有助于培养放松的好习惯。就像大卫·哈罗·芬克博士所说的："了解心理学的人都知道，疲倦有三分之二是习惯性的。"

第五，每天睡前再检讨一次，问自己："我有多疲倦？如果我感到疲倦，可能不是过分操心的缘故，而是因为我做事的方法不对。"

"算算自己的成绩，"丹尼尔·格希林说，"不是看你在一天快结束时有多疲倦，而是看你有多不疲倦。"他说："如果一天结束，而我感到身体特别疲倦，或者精神上特别疲乏时，我就会肯定地知道这一天的工作在质和量上都做得不够。如果每一位生意人都能学会这一点，那么由神经紧张而导致疾病或死亡的比例，就会大大降低，在每座城市的精神疗养院里，也再不会有因为疲劳和忧虑而精神崩溃的人了。"

不要做令人讨厌的人

有的人总喜欢故意去做一些无聊的事情。可悲的是，对于这种人，目前我们除了逃避之外，还没有找到更好的办法对付他们，在法律上也找不出条款来制裁这些无聊乏味的人。

让我们先来了解一下这些严重的“无聊乏味症”有哪些症状。

（1）不停地谈论自己感兴趣的话题

“孩子们都好吧？”这句简单的礼节性问候语足以引出无聊乏味的人滔滔不绝的话题。虽然他说的全都是废话，可是谁让你打开了这个水龙头呢？这时，你只好身不由己地坐下，任由那滔滔口水将你淹没。

“啊，乔尼吗？你知道，他是我家最小的。不知道为什么，他最近就是不吃麦片，昨天还把整整一大碗麦片扣在了头上。好笑吧？为此我打电话问儿科医生。‘医生，’我说，‘我试过了各种办法，但他还是把麦片吐出来，或者倒在地上。’

“医生问我是否试过将麦片和香蕉混在一起喂他吃。但是，乔尼从来就不喜欢吃香蕉，他会顽皮地把香蕉称为‘兰妮’。‘我不要兰妮！’他会说，然后一边挥动小胖手一边打哈欠。

“当然，他比我们家附近的孩子都早熟，没有一个孩子像他那样善于表达。这是多令人惊奇呀！你瞧，前天他还把桌布扯下来，瞪着又黑又亮的大眼睛说：‘乔尼把桌上的东西都弄到地上了。’他爸爸和我简直要笑死了。”

唉！遇到这种没完没了的唠叨，你可能会烦死。

这些人总有本事将话题扯到他自己感兴趣的事情上去。也许你正在和他（她）谈论政治或艺术，但是他(她)会兴致勃勃地跟你讨论他(她)的孩子。

我就认识这样一个人，即使我们谈论的是国际关系或牛肉涨价，她也能神奇地把话题扯到她的女儿达夫妮身上。她会说：

“的确没错！你根本无法相信那些俄国人。去年夏天，达夫妮的大学同学邀请她一同去欧洲旅行。她们并不想去俄罗斯，只想去柏林。达夫妮征求我的意见：‘我想……您觉得怎样？’我就告诉她……”接下来就是没完没了的啰唆。

准确地说，令人感到无聊乏味的人基本上都不成熟。他们不明白，交朋友首先应该替别人着想。

不幸的是，并不是只有那些过度溺爱孩子的父母才让人感到无聊乏味。一个汽车轮胎推销员完成了一次成功的巡回推销之后，所做的第一件事就是毫无保留地跟我讲了他如何与一家百货公司签下1万美元订单的整个过程。

不仅仅是上述这些，无聊乏味的话题数不胜数：可能是某个人如何翻新家具，某个人如何给水果保鲜，或者希望你能同情他表妹的遭遇，还可能是小猫小狗的趣事。甚至有一次，我被某个人纠缠了20多分钟，听她没完没了地讲她家的金丝雀。

（2）说话不着边际

马克·吐温曾写过一篇文章，嘲弄无聊乏味的人：

“我有没有对你说过我去西部的事？我们是在休假时去的，那是一个星期五的早晨——哦，不，是星期四——你记得，埃拉，我之所以决定星期四出发，是因为我必须在星期三去看牙医，是吧？我上面一排假牙有点松动，我想让他为我固定一下。天啊，那个牙医太啰唆了，他一说起话来就没完没了。好在他的医术还不错，真的！我还向我的老板提到过他呢。我那个老板可真有趣。告诉你吧，他什么事都离不开我，没有我他总是魂不守舍的。我那天对一个同事说：'如果我现在辞职不干了，你猜老板会怎样？'没想到她竟然说：'比尔，如果你走了，我马上回家把我妈妈找来！'真是太逗了！"

他就一直这样说下去，你永远也别想从他那里知道西部是什么样子——不过这样也好，否则还不知道要听他啰唆到什么时候呢。

（3）木讷呆板

这类人虽然也让人觉得无聊乏味，但幸运的是，这类人不像唠叨的那类人那样常见。

当你和木讷呆板的人交谈时，你必须极力寻找话题，表示你对他非常感兴趣，以便让他开口说话。可是你将会发现自己的一切努力都徒劳无功，你的辛苦只会换来他冷漠的面孔和偶尔一两声"嗯"，作为对你的回应。

他可能是个凡事无动于衷、彻头彻尾的呆板木讷之人，要想从他那里得到哪怕是一点点礼貌的回应，都比登天还难。他那张脸永远不会有任何表情，他就是威廉·史泰格笔下的卡通人物在现实生活中的翻版——如果我们还可以把他称为"活人"的话。

（4）喜欢争论

和喜欢争论的人交谈，无论你提出什么话题都会引发他的反驳，让你措手不及。这种人自以为懂得一切，所以往往非常武断，不希望别人和他讨论。如果你的观点和他不同的话，他会不假思索地批评你的观点是荒谬错误的。

他会冲着你大声吼：“你疯了！我的朋友，难道你不知道这个事实已经被证明了吗……”

如果赶上他比较温和的时候，他会说：“不，很显然是你错了！我可以告诉你……”

这种人最令人讨厌的地方在于：他说的作为结论的那些明显武断而粗俗的话，都是你特别不喜欢听的。

遇到这种人，最好的办法就是同意他所说的一切观点。因为只要稍做反驳，你就会陷入一场势不两立的论战。对于这种人来说，讨论或交换彼此之间的看法是根本不可能的，因为他只想迫使你同意他的观点。

（5）意志消沉

只要和意志消沉的人待在一起，你就会不知不觉地生出一大堆的不满，因为你已经被消极想法感染了。本来你的心情很好，可是和这种天生的意志消沉者交谈之后，就会被他搞得颓废懊丧。

我认识一个女人，正是这种人的典型。每次相遇，她总是没完没了地向我倾诉她最近的遭遇——当然，她所说的全是坏事。

“我去买窗帘，”她可怜巴巴地说，“可是一直等了10多分钟，售货员才过来招呼我。其实她们一点都不忙，她们就是觉得我没钱，所以不怕得罪我，所有的商店都一样。你看，我的生活简直糟透了！再看看我的健康状况！医生说他不相信我竟然还能活到现在。我的整个消化系统都不行了，一遇到这种天气，我全身就会疼痛难忍。你可能会想，我的家人总该知道关心体贴我吧？唉，这只是我的奢望罢了！”

上面只是“无聊乏味症”患者的几种类型而已。类似这样的人不胜枚举，例如感情丰富的女孩子、身体壮硕的大男人等都有可能是“无聊乏味症”患者，而人们对此也已习以为常。

但是，最可恶的是，这些无聊乏味的人却毫无自知之明，他们不知道自己有多无聊，还自以为是社会活跃分子、消息灵通人士或受欢迎的人，并因此而感到自豪。更恐怖的是，也许我们自己就是无聊乏味的人，却丝毫没有察觉到。

幸运的是，如果我们能仔细观察，还是可以从某些迹象和征兆中得到暗示，分辨出哪些行为是让人觉得无聊乏味的。

第一，听者流露出凝固的微笑和灰暗的眼神。

当我们谈论有关孩子的趣事时，如果听者的身体仿佛已经僵化，微笑和眼神都变得凝滞，那么就应该立即停止，不要继续讲下去了。

第二，注意观察听者暗中看表的动作。

如果在交谈中听者不断地摇晃手表，然后把它贴近耳朵去听，很显然他已经开始在厌烦了。优秀的演说家对这种动作非常敏感，这也是提醒无聊乏味的人应该停止说话。

第三，听者的目光游移不定。

如果遇到这种情况，就是对方在提醒我们，我们所说的话已经失去吸引力了。当我们应邀参加宾朋满座的鸡尾酒会时，偶尔会在某个角落捕获到谈话的对象，使他成为我们唠叨的牺牲品。

对方借以逃脱的希望全部寄托在那急切恳求的眼光中，他可能会用目光向每一个经过的人求救。这时，我们不妨设身处地地替对方想想，立即住口，不要再折磨他了。

一些善于狡辩的人可能会反问：“‘无聊乏味症’与成熟、心灵健全又有什么关系？”没错，一个极其无聊乏味的人，也许同时是一个生活美满、关爱家人、依法纳税、资本雄厚的人，不过这种人绝对是少数。为什么这么说呢?

因为一个人既然被称为“无聊乏味症”患者，就表明他的智慧、想象力和敏感性一定会很缺乏，而这些却正是一个人培养健全的人格、获得他人良好反馈的最基本要素。

无聊乏味的人，既不可能了解自己，也不会喜欢自己，当然也就更无法成为他自己。他不知道自己需要什么，也不知道别人在人际交往中需要什么。他的全部精力都放在那些无聊的、微不足道的生活琐事上，让这些琐事进驻内心，填补心灵的空虚。

“无聊乏味症”是一种人格上的疾病，它是拒绝成长的病态人格的症状之一。而不断成长和成熟的人，由于善于运用语言，化平凡为神奇，所以即使只谈琐事，也绝不会令人厌烦。相反，本来光芒四射的话题，一旦由无聊乏味的人口中说出，就会变得无聊乏味，了无生气。

这个社会有无聊乏味的人存在或许有一个好处，那就是他们可能正是我们所需要的、促进我们成熟的催化剂，他们可以成为我们的参照物。如果不努力的话，我们就有可能沦为和他们一样的人。

尽力赢得友谊

15岁的时候，我还是个爱幻想的孩子，常常梦想自己有一天能写出一部全美国最伟大的小说。于是我开始沉浸在梦想中：似乎已看到周日报纸上连篇累牍的好评，似乎听到了经久不息的掌声。我还幻想着去巴黎参观时应该穿什么样的衣服；幻想能高兴地看到人们到处引用我的文字；凡是我所到之处，总有人追随和敬仰我。

在做这些梦的时候，我根本没有想过创作必须付出血泪和汗水，必须用辛劳来换取。在我梦想的天堂中，有的只是荣耀，却没有背后的付出。

所以，你们不可能在美国伟大作家的名录中找到我的名字。我也渐渐明白，伟大的作品都是由那些只顾埋头写作而不图任何回报的人创作出来的。

我在年轻时曾有一种愚蠢的心态，既渴望友情，却又只愿意和别人保持某种令自己比较满意的关系。我这种心态正好和许多人一样：只想要别人对自己感兴趣，却不肯花精力让别人来接受自己。

在我的成人教育课程培训班上，我发现许多人都很自卑，他们总是想："我过于害羞胆小，不能吸引别人的注意"；"看来没有人愿意对我感兴趣"；"别人并不渴望认识我"……

别人凭什么要对你感兴趣呢？在这个世界上，没有人有义务必须去喜欢别人。无论是做生意还是社会交往，如果我们不能拿出别人想要的东西，就没有任何理由让别人来主动讨好我们。

中国古代的思想家孔子曾经说过："不患人之不己知，患不知人也。"因此，要想赢得别人的友情，就必须甩掉包袱，不要担心别人是否会喜欢我们，而且要尽量发掘自身潜藏的基本素质，令别人赏识我们。

著名女歌唱家玛丽安·安德森曾对自己生命早期的某个阶段做了感人的描述。在那段日子里，她深陷失败和颓丧的心境难以自拔，觉得自己将永远不能唱歌了。但是，经过一番心灵的探索之后，她逐渐找回了继续奋斗的信心和勇气。

一天，她满心欢喜地对母亲说："我想要歌唱！我希望大家都能爱我！我渴望追求完美！"

母亲郑重地对她说："这是一个伟大的目标。但是，孩子，在这个世界上，即使是我们最完美的主也没有办法赢得每一个人的爱。要知道，恩宠是永远位于伟大之前的。"

母亲的话深深地刻在了安德森的心中。她重新开始了歌唱事业，并为完美实现这一目标而奋斗不止。她并没有停留在空想阶段，因为她明白了"恩宠先于伟大"的道理。

J.艾伦·布恩是好莱坞著名喜剧片《狗明星"强心"》的主演。在观察那条名叫"强心"的狗表演的过程中，他学到了不少东西，为此又特意写了《给"强心"的信》一书，结果大为畅销。

根据布恩先生介绍，"强心"是一只很了不起的狗，它总是能非常愉快地执行主人的各种命令，全力表演剧情所需的各种动作。更难得的是，"强心"这么做并不是为了得到什么报酬，而是出于爱及享受做好事所带来的快乐，纯粹为了自身的乐趣而表演。布恩认为，这也许正是这条狗能成为电影明星的原因。

布恩先生还谈到了他曾接触过的一个跳舞的年轻女孩子。当她第一次和他试跳的时候，紧张得不得了，生怕自己会失败。于是布恩轻声地安慰她说："不要在意结果，你就只当纯粹是为了享受跳舞的乐趣而跳。"结果，女孩子的心态很快就发生了彻底的改变。

获得强大内心的全部秘诀在于不要担心结果，不要在意别人是否会喜欢我们，而是要立即行动，努力去做所有能激发爱和友谊的事情。

在这方面，威廉·奥斯勒爵士的话很值得我们深思。他说："我们应该做的，不是观望那虚无缥缈的未来，而是要脚踏实地做好眼前的每一件事。"

作家荷马·格洛伊是我最要好的朋友之一，他的人缘非常好，凡是和他接触过的人——无论是清洁工还是百万富翁，无论是男人、女人还是小孩——当他们和他在一起待了15分钟之后，就一定能感受到他的温情。格洛伊能让所有人迅速明白一个事实，那就是他真的喜欢他们。

如果主人说："荷马·格洛伊要来！"没有人会感觉不愉快的。小孩子们都喜欢和格洛伊玩，朋友家的佣人也愿意极力施展厨艺，为他做各种好吃的饭菜。回到家里时，荷马·格洛伊也是深受妻子、女儿和孙子爱戴的对象。

格洛伊如此深受欢迎，他的秘诀说出来却非常简单，那就是真诚地爱别人。无论这个人是什么身份、做什么工作，他都觉得无关紧要；在他看来，只要他们属于人类——有这一点就足够了。

当格洛伊和一个陌生人相遇时，他总是能立即和对方交上朋友。他靠的不是吹嘘标榜自己，而是询问那个人的一切，甚至是一些听起来很琐碎的细节。他总是表现出对每一个新结识的人都很感兴趣，而且真心想了解他们。

我就曾亲眼见过一些倔强而玩世不恭的人在和格洛伊初次接触之后，就像花儿见到阳光一样立即盛开。这正如外交官约瑟夫·格洛大使所说的："外交的秘诀可以概括为一句话：'我喜欢你。'"

荷马·格洛伊从来没有为交朋友烦恼过，他把每个人都当作朋友，而且并不在意别人是否喜欢他这样做。他只是集中全力去喜欢别人，而没有浪费精力去思考这样做将会产生什么结果。

对于一个富有经验的推销员来说，他知道如果一味担心自己不能成功地向客户推销产品的话，将会给自己造成心理障碍，从而会影响他的业绩。

通用制造公司前董事长哈瑞·布雷斯在大学期间，曾靠推销缝纫机为生，他总结说："要想在推销员这个岗位上取得成功，就不能刻意去想自己能推销出去多少产品，而是要集中精力，向客户介绍自己能为他提供什么样的服务。

"如果一个人将精力全都用在为他人更好地服务上，就会拥有难以抗拒的力量。想想看，你怎么会拒绝一个想要帮助你解决问题的人呢?

"我对那些推销员说，如果他们一天到晚心中想的都是'我今天要尽力多帮助一些人'，而不是'我今天要尽力多推销出去一些产品'，那么他们将会发现，要接近客户并不是什么难事，他们的业绩也会好得出奇。能够帮助客户获得快乐、轻松生活的推销员，才是最棒的推销员。"

打高尔夫球时，教练会叮嘱我们，眼睛不能离开球；向学生传授说话技巧时，我们也会告诫他们要将心思集中在想要表达的信息上。紧张、害怕都是因为担心结果不佳而导致的，当然也是不可取的。

我自己就是因为曾吃过这种苦头，才慢慢明白了这一点。年轻的时候，我曾是一个腼腆害羞的人，天生就不善于在公开场合讲话。如果让我面对一群人说话，简直比让一个普通人单独面对国会调查委员会还要难。

有一次，一个最要好的朋友看到了我紧张的样子。当时，我就要面对一群特别挑剔的听众做一场演讲。我特别担心，只好去找这位朋友商量。

“如果他们反对我的看法，我该怎么办才好？”我神色紧张地问朋友，“如果他们不喜欢我呢？”

“哦，”他说，“他们为什么要喜欢你？你能为他们做什么呢？你认为你要告诉他们的事情很重要吗？”

我说：“当然。我认为我要讲的内容是很重要的。”

“那好吧。”他直截了当地告诉我，“我觉得这与他们如何看待你个人并没有什么关系。你不妨把想要讲的内容全部讲出来，只要你讲清楚了，即使他们不喜欢你也无关紧要，因为你已经做了自己该做的事。”

在朋友的启发下，我终于放松下来，成功地完成了那次演讲。

由于担心自己是否受人喜欢、是否受人赞美而导致不能发挥正常水平——这种经历可能每个人都曾遇到过。但是，要想赢得友谊，就必须付出全部努力，不能只靠被动等待和接受。

友谊必须主动去赢得，而不是被动地吸引。赢得朋友的能力和善于交际应酬的能力之间并没有什么关系，它更多的是一种心态，是一种面对生活和别人的态度，还是一种想要付出的欲望。

《史诺普郡的少年人》一书的作者A.E.霍斯曼可以说是英国最伟大的知识分子之一，也是一位诗人、评论家、演讲家和教师。

在牛津大学发表题为《诗名与诗性》的演讲时，霍斯曼这样说道：“我认为，人类最深刻、最真实的话，就是‘吝惜生命的人，必将失去生命；而为我失去生命的人，必将获得生命。’”

霍斯曼这篇演讲主要讲的是艺术和美学的关系。他提醒艺术家们，要致力于创作，不要贪图创作可能带来的报偿。其实，他的这些话不仅对艺术创作来说是确切而中肯的，而且对于获得事业的成功、获得友谊、获得强大的内心也都同样适用。

我们必须弄清楚“因”和“果”之间的关系：要想获得爱，首先必须付出爱；要想获得友谊，必须先待人友好；要想吸引别人，使别人对我们感兴趣，就必须先向对方表达我们对别人的兴趣。

如果我们为了获得友谊和真情，已经采取了付出而不是接受的态度，那么接下来要做的就是把这种态度表现出来，使它获得实效。光凭心灵的纯真善良远远不够，还要付诸实践，才能获得令自己满意的效果。

以夫妻为例来说明这个问题。虽然夫妻双方的感情不必每天都用言语表达出来，但是，如果长期不用某种适当的方式来表达的话，夫妻感情就有可能因为缺乏滋养而渐趋枯萎。我们经常听到一些家庭主妇抱怨说，她只希望自己的丈夫能偶尔夸奖一下她在某些小事上的贡献而已。

友谊确实是要经过争取才能获得的。当然，还有许多形式可以帮助我们表达这种赢得朋友的态度，如敏锐地获悉他人的需要、待人慷慨、热情机敏等，这些都是内在态度的外在表现。如果能做到这些，你就能获得友谊。

爱是人类不断进步的基础。与别人的友谊如何，也是衡量我们的感情是否成熟的一个标准。我们必须明确了解别人的感受；还必须明白，在伤害他人的同时，我们自己也会受到伤害。

这样，我们就能成为心理学中所说的“强人”，并与他人产生“同感”，这也是成熟的一个基本要素。友谊正是对“人类之爱”真实含义的领悟，是人与人之间感情的契合。如果我们带着成熟心态与他人交往，就一定能获得内心的强大。

学习是走向成熟的良方

《纽约时报》曾刊登了一篇对伊萨克·普莱斯勒的专访：

普莱斯勒先生白天在一家百货公司当售货员，晚上读夜校。他花了4年时间完成了高中阶段的夜校教育，接着又进入布鲁克林学院读夜校，准备完成大学课程之后继续攻读法律类的更高学位。在大学一年级一篇名为《快乐是什么》的论文中，普莱斯勒先生写道：

“获得高中文凭，进入大学，梦想当一名律师——这就是我最大的快乐……这种快乐能增添我内心的幸福感。读大学可能会花5年或更长的时间——主要取决于我努力的程度；然后，法学院的学习还要花5年时间。”

在年轻人看来，这个计划是不是充满了抱负？但其实萨克·普莱斯勒是在过了60岁生日之后才上大学的。他深知，对于一个成熟的人来说，学习是一种快乐，任何年龄的人都可以体验这种快乐。

教育不应该被局限在校园范围之内。哈佛大学原校长劳伦斯·洛威尔博士曾说过：“教育是一个贯穿于成长之中的整体过程，是一种心灵所需的自发的运动，也是一个扩充心灵、促进发展的过程。”大学教育或教育培训制度所能教给我们的，只是如何帮助自己。要想了解更多，我们必须学会自己教育自己。

一旦明白了这些，无论我们处于生命中的哪个阶段，自我教育和自我完善都能成为值得追求的、令人兴奋的体验，再没有什么投资能比在晚年继续获取知识更有效的了。

我最尊敬和钦佩的人，就是深受美国人喜爱的新闻评论员洛威尔的父亲洛威尔·托马斯博士。托马斯博士是一位具有高深文化修养的绅士，他为人睿智，喜欢钻研，知识非常广博。诺曼·文森·皮尔博士曾谈到拜访托马斯博士的经过：

当时，托马斯博士虽然年迈多病，但他的思维还像年轻时一样敏锐。见面之后，经过一番礼节性的寒暄，托马斯博士就问皮尔博士："诺曼，我想听听你对亨利八世有什么看法？"

皮尔博士有些惊讶，承认说："我对亨利八世研究甚少。"

原来，托马斯博士那段时间正在研究这位君王，他认为历史学家对于这位君王的评价有失偏颇，然后他又谈了自己对亨利八世的看法。虽然托马斯博士年老体衰，但他的心灵仍在自由飞翔，而且穿越了好几个世纪。

教育还必须付诸实践，以使教育的影响更加深远。加入读书俱乐部，去听课、听戏剧或听演讲等活动，只能为我们参加聚会增加一些谈资，并没有什么更深远的意义。人们也只能借此获取一件薄薄的文化外衣——这件外衣如同休息日穿的衣服，可以随意洒脱一些，而在这件文化外衣之下，我们的心灵仍然难以成熟。唯有实践才能促进内心更加强大。

刘易斯·曼弗德曾经针对教育提出了一些应该努力达到的目标："所有实际活动的最终目的都是文化。成熟的心灵、完善的人格、逐步获取的智慧和成就感、个人能力的拓展、获取广博知识的兴趣和精神上的愉悦……所有这些都是自我教育的各个阶段所应该努力达到的终极目标。"

一天，一位女士来找我，希望能得到帮助。她神情沮丧，抱怨丈夫对她的爱正渐渐消失。她的丈夫是一位成功的职业经理人，兴趣爱好非常广泛，文化水平很高，她也知道自己越来越配不上他。她哀叹自己没有上过大学，却一个接一个地生孩子；她根本没有时间去欣赏音乐，也没有时间去学习艺术和文学方面的知识——然而这些却正是她丈夫最欣赏的。

“他对我已经厌倦了，可是这公平吗？”她问道，“就因为我和他以及他那些知识分子朋友没有共同语言？”

我问她，既然她的孩子都已经结婚了，那她现在是如何安排她的闲暇时间。她回答说除了打桥牌之外，每个星期还去看两场电影，有时也读一些书，但主要是言情类的小说。

显然，这个女人并没有真正努力去改善自己的处境。她并不是没有机会，她所缺乏的是一种精神和动力——她情愿将时间花在打桥牌、看电影上面，也不愿拓展自己的兴趣，难怪她跟不上丈夫的脚步。

那些不努力发展自我的人，将会被这个世界遗忘。他们只会抱怨时间太少，说自己太老，并且将“老年”当作生命的终点而接受它。其实他们并不明白，对于一个渴望获得知识的人来说，生命就是一场永远没有终点的精神之旅。

在以前，大学很少，是为少数人开设的，而且距离远，学费也很贵，有的大学甚至连书也不容易买到。“夜校”这个概念更是从前的人想破了脑瓜也不会想到的；但是现在，无论谁想接受教育都能如愿以偿，即使当了奶奶的人获得大学文凭也不再是什么稀奇事。

得克萨斯州有一位律师的妻子，她同时也是5个儿子的母亲，当她的儿子们接受大学教育和职业技术培训、并成为相关专业的负责人之后，这位已经50多岁、做了祖母的女士竟然考上了得州大学，并在4年后以优异的成绩顺利毕业。

现在她已经70多岁了，成了一个寡妇，但是你的同情心大可不必滥用到她身上。她依然是那么机敏可爱，整天忙着社区工作，有许多朋友和仰慕者，凡是和她接触过的人都认为她能给他们带来极大的激励和启发。她的儿孙们也都非常敬爱她，虽然他们在一起的机会很少，但大家都很珍惜每一次聚会。显然，她已经培养起了自己成熟的心态。

美国舆论调查机构的创始人、罗德奖学金新泽西委员会的主席乔治·盖洛普曾说过："有很多人获得文凭以后就不再学习了。其实，学习应该是一个持续不断、从出生到死亡一直都不可停顿的过程。"

大学只为我们提供了学习、研究专业技能或知识的时间和场所，还有许多实际问题有待于在工作、生活中去解决。所以，无论学校教育多么完善，若想充实和丰富你的心灵，让自己到了晚年不会孤寂无聊，你首先就要明白"活到老学到老"的含义。

能够帮助我们取得成就的知识和智慧大多在书本中，我们渴望学习和知道的东西也都能从图书馆、书店或朋友的书架上找到。书本可以让我们和世界上最伟大的心灵沟通，能让我们穿越时空，徜徉于伟大心灵所创造出来的世界。浩瀚的知识海洋任由每个人尽情遨游，图书馆的大门也永远对每个人敞开着，而我们却在忍受心灵的饥饿，懒得去读书。

书籍是人类伟大精神的奇葩。现实世界中，我们很少有机会能够认识同时代的伟人，但通过阅读他们的书籍却可以让我们了解他们。在书中，我们可以和苏格拉底一同散步，或与雪莱一同做梦，与萧伯纳争论，或像马克·吐温一样开怀大笑……与这些伟大的心灵交谈，是大多数人梦寐以求的事情，只要走进最近的一家图书馆，我们就能如愿以偿。

人类被局限在宇宙的一个狭小空间之中，和永恒比起来，60年或70年，甚至90年的生命又算得了什么呢？如果再将自己封闭起来，那我们还能知道些什么？离开了书籍，没有了对知识的渴求，我们就注定只能蜷缩在一个狭小的时空单元——“现在”和“这里”。

罗马帝国时代的人是怎样思考问题的？伦敦瘟疫流行时期的情况又是怎样的？通过书籍我们都可以找到答案。书籍让我们感受到的绝不是冷冰冰的事实，而是活生生的人类经验，是人生的样本。

俄国曾经一度是一块充满了神秘感的土地，但通过陀思妥耶夫斯基、屠格涅夫和托尔斯泰的作品，我们仿佛看到了一个活生生的国家。

H.G.威尔斯曾说：“我不敢说H.G.威尔斯的肉体或名字会不朽，但是我敢断言，思想、知识和意志的成长，是一个永不间断的过程。”

如果我们愿意花更多的时间去阅读，那该多好啊！时间自然会淘汰书中的垃圾，保留下人类思想和经验中的精华。真正的好书应该是经得起时间考验、历久常新的，这绝不是某些畅销书所能相比的。

泰迪·罗斯福就不喜欢被评为“本周畅销书”的书，他曾这样写道：“我情愿看那些是‘前年畅销书’的书。如果前年畅销的书到现在还有很多人看的话，就说明它还值得看，至于那些只能成为‘本周畅销书’的书，它最好的去处应该是垃圾桶。”

阅读《战争与和平》可能比看一本新小说花的时间要多些，但它的精髓将融入你的生命，陪伴你一生，让你陶醉其中。我并不是盲目夸大经典的作用，但事实确实如此。

等你老了之后，你的精神会自然而然地传给你的后代；因为你的成熟和洞察力，你也将体会到精神散发出来的光芒。那时，你将懂得什么是“成熟的心灵”。

不要在意按照怎样的顺序读书，我就从来不制订什么阅读计划，而是随手翻开一本书，这样也许能带来意外的收获。就好比一个人第一次出国旅游，事先没有计划就已经漫游在古老的王国，当他凝神注视希腊的神殿或埃及的金字塔时，内心反而会因为未经准备而有一种新奇的兴奋感，给自己平添几分快乐。

也许有人会抱怨说，研读许多古典名著都是因为教授们的强迫，也有人因为沉闷乏味的授课方式而提不起阅读兴趣。但是我却从来没有过这种感受。我上大学时，大部分时间都在看足球赛和谈恋爱，并没有做知识的积累。到了比较成熟的年龄之后，我才开始不带偏见地阅读各种古典名著，它们给我的心灵的巨大的满足。因此，我想大声宣布我的观点：阅读伟大的作品，这是一条促进自我完善和自我成熟、并获得强大内心的必经之路。

我很高兴通过《周末文艺评论》结识了菲丽丝·麦金利小姐，她和我一样因为阅读古典名著而享受到了愉悦。麦金利小姐这样写道：

“不良的教育总是会招致非议。我所接受的教育无论从哪个角度来看，都乏善可陈，但是当我在悲观中思索了几年之后，终于发现：即使再普通，教育也有光明的一面。

“世界上真的存在文学这道风景！我就像一个好奇的陌生人，踏进了文学的风景圈，走进了英文古典名著的世界。那些经人引导而进入这个国度的人，根本无法了解一个陌生人在自己安排好自己的行程后徒步走完这一旅程的快乐。”

文章的最后，她说出了自我启蒙和成长的要领：“当我们初次接触狄更斯、奥斯汀和马克·吐温时，会对他们充满敬意，这是最大的福气。”

阅读固然是自我完善的最重要方式，对音乐、美术、戏剧、社会服务或政治活动产生兴趣，也是扩展我们视野的好方法。

我研究亚伯拉罕·林肯已经有很多年，因为他是个非常有魅力的人。我还写过一本关于林肯的传记。虽然这本书没有赚到任何钱，但是我却感觉到自己在创作这本书的过程中变成了一个更完善、更快乐的人。

请忘掉自己没有受过良好教育的借口，重新开始学习。虽然我们一年比一年老，正在渐渐失去朋友和健康，但是我们完全可以让广泛的兴趣充实自己的内心，这样，我们就永远都不会再感到寂寞无聊，或许还会更喜欢自己呢！

第十一章

把握要诀，平安快乐永相伴

生活在“完全独立的今天”

1871年春天，有一个年轻人在一本书中读到了对他的前途产生莫大影响的一句话，他立刻变得兴奋起来。他是蒙特利尔综合医学院的医科学生，当时内心充满了各种忧虑：如何通过期末考试？毕业以后去哪里谋生？如何开业等。

这位年轻的医科学生名叫威廉·奥斯勒，他在1871年看到的那句话，后来使他成为当时最著名的医学家，并创建了全世界知名的约翰·霍普金斯医学院，而他本人也成为牛津大学医学院教授——这是大英帝国医学工作者所能获得的最高荣誉。他还被英国国王封为爵士，无忧无虑地度过了一生。

下面就是他在1871年春天看到的那句话。这句话出自托马斯·卡莱尔之口：“对我们来说，最重要的不是去看远方不可捉摸的事，而是做手边能够把握的事。”

42年后，在一个郁金香开满校园的温馨春夜，威廉·奥斯勒爵士给耶鲁大学的学生们做了一次演讲。他对那些耶鲁大学的学生们说，像他这位曾在4所大学当过教授、并写过一本颇受欢迎的书的人，似乎应该有一颗“特殊的头脑”，但事实并非如此。他说他的一些好朋友都知道，其实他的大脑“再普通不过”了。

那么，他成功的秘诀是什么呢？他认为这完全是因为他生活在“一个完全独立的今天”。他这句话究竟是什么意思呢？

就在奥斯勒爵士去耶鲁大学演讲的几个月之前，他搭乘一艘大型海轮横渡大西洋，碰巧看见船长站在船舵室中，摁下一个按钮，随着一阵机械运转的声音，轮船中的几个部分立刻彼此隔绝开来，成了几个完全防水的隔离舱。

奥斯勒爵士对那些耶鲁大学的学生说：“你们每一个人，头脑的组织都要比那条大海轮严密得多，所要走的航程也更远得多。你们必须学习那位船长，知道怎样控制一切，你们要活在一个‘完全独立的今天’，这才是在航程中确保安全的最好方法。到船舵室去，你将会发现那些大的隔离舱至少都可以使用。摁下按钮，用铁门把过去隔断——隔断已经过去的昨天；再按下另一个按钮，用铁门把未来也隔断——隔断尚未到来的明天。然后你就可以生活在‘和别的日子完全隔绝的今天’——你有的只是今天……切断过去，埋葬已逝的过去，切断那些会把傻瓜引到死亡之路的昨天……明天的重担加上昨天的重担，就会成为今天最大的障碍，要把未来像过去一样紧紧地关在门外……未来就在于今天……其实没有明天这个东西。精力的浪费，精神的郁闷，都会紧紧跟随着一个为未来担忧的人……那么，把船前船后的隔离舱都关掉吧，准备养成一个良好习惯，生活在‘完全独立的今天’。”

奥斯勒博士是不是要求我们不必为明天而学习呢？不，绝对不是这样的。就在那次演讲中，他强调说：“为明日做准备的最好方法，就是集中你所有的智慧和热诚，把今天的工作做得尽善尽美——这也是你能应对未来的唯一方法。”

一定要为明天着想——不错，一定要仔细地考虑、计划和准备，但不要担忧。

在战争期间，军事领袖必须为将来制订计划，可是他们绝不能有任何的焦虑。“把我们最好的装备供应给最优秀的人员，”美国海军上将阿尔奈斯特·金恩说，“再交给他们似乎是最聪明的任务，我所能做的就只有这些。”

“如果一艘船沉了，”金恩上将继续说，“我不能把它打捞上来。要是船正在往下沉，我也没有办法。与其把时间花在后悔昨天的失误上，我还不如花在解决明天的问题上，这要比为昨天的问题而后悔好多了。”

不论是在战争时期还是和平年代，好想法和坏想法之间的区别就在于：好想法会考虑到原因和结果，从而产生合乎逻辑的、富有建设性的计划；而坏想法通常只会导致一个人的精神紧张和崩溃。

在现实生活中，有一个非常可怕的现象，就是医院里一半以上的床位，大都是给那些精神上有问题的人留着的。他们是一群被日渐累积起来的昨天和令人担心的明天所加起来的重负压垮的病人。而这些病人只要能奉行“不要为明天忧虑”，或者是信奉威廉·奥斯勒爵士的名言“生活在一个完全独立的今天”，那他们就都能马上走上大街，过上快乐而幸福的生活了。

所以，我们应该满足于目前所生活的这一刻。从现在起直到我们上床，“不论任务有多重，每个人都能坚持到夜晚的来临”。罗伯特·斯蒂文森写道，“不论工作有多么辛苦，每个人都能干好他那一天的工作，每个人都能很开心地生活，这就是生命的真谛。”

不错，这些也正是生命对我们所要求的。

住在密歇根州沙支那城的辛尔德夫人在懂得“只要生活到上床为止”这一道理之前，深感疲惫和颓丧，甚至想要自杀。

“我的丈夫在1937年死了，”辛尔德夫人把她的过去告诉我，“我觉得非常颓丧，而且几乎身无分文。我给以前的老板写信，希望他让我回去干我以前的工作。我曾以给学校推销《世界百科全书》为生。两年前我丈夫生病的时候，我卖掉了汽车，现在我又勉强凑足了钱，分期付款买了一辆旧车，重新开始出去卖书。

“我原想，回去工作或许可以帮助我摆脱颓丧，可是我要驾车，要吃饭，这让我几乎无法忍受，虽然分期付款买车的数额不大，却很难付清。

“1938年的春天，我住在密苏里州维沙里市，那里的学校都很糟糕，公路也很差，我一个人孤独而且沮丧，甚至想到了自杀。我觉得成功很难，而活着又没有什么希望。每天早上，我都很怕起床面对残酷的现实。我什么都担心，担心付不起分期付款的车贷，付不起房租，没有足够的东西吃，担心我的健康恶化却没有钱看病。但是，我没有自杀，唯一的理由是担心我的姐姐会因此而难过，而且她也没有足够的钱来支付我的丧葬费用。

“直到有一天，我读到一篇文章，它使我从消沉中重新振作起来，使我有了继续活下去的勇气。我一直对那篇文章中的一句很令人振奋的话心存感激：‘对于一个聪明人来说，每天都是一次新的生命。’我打印出这句话，贴在我汽车前面的挡风玻璃上，这样我开车的时候随时都能看得见。我渐渐发现，每次只活一天并不困难，我开始学会忘记过去，不担心未来。每天早上我都会对自己说：‘今天又是一次新的生命。’

“我成功地克服了孤独和恐惧感。我现在过得很快活，还算比较成功，而且对生命充满了热诚和爱。因为我知道，不论在生活上碰到什么事情，我都不会再害怕了；我不必害怕未来；我每次只要活一天——而‘对一个聪明人来说，每天都是一次新的生命’。”

我认为人性之中最可悲的一件事，就是许多人都拖延着不去享受生活，都梦想着在天边有一座奇妙的玫瑰园，却不去欣赏今天就开放在我们窗口的玫瑰花。

爱德华·伊文斯出生在一个贫苦的家庭，早年以卖报为生，然后在一家杂货店当店员。由于家里有7口人要靠他吃饭，他就想法找到一个当助理图书管理员的工作，虽然薪水很少，可他却不敢辞职。直到8年之后，他才鼓足勇气开始自己的事业，他用借来的55美元，干出了一番大事业，一年赚到2万美元。

然而，厄运不久就降临了，他替一个朋友背负了一笔数额很大的债务，而那位朋友却破产了。更可怕的是，在这次灾祸之后接着又来了另一次更大的打击——那家他存进所有财产的大银行破产了，他不但损失了所有的钱财，还负债16000美元，他再也承受不住这样的打击。

“我吃不下，睡不着，”他告诉我说，“我开始患上了一种奇怪的病——没有别的原因，只是因为内心不够强大。有一天，我正走在路上，突然昏倒在路边，再也不能走路了。我躺在床上，全身都烂了，伤口逐渐往里面烂进去，我连躺在床上都难受。我的身体越来越虚弱，最后医生告诉我，我只能活两个礼拜。我大吃一惊，写好遗嘱，就躺在床上等死。挣扎或担忧都没有用了，只好放弃，我开始放松下来，闭目休息。之前连续好几个星期，我只能睡不到两个小时，可是因为这时候一切就快要结束了，我反而睡得像个孩子。那些令人疲倦的忧虑渐渐消失了，我的胃口变好了，体重也开始增加。

“几个星期之后，我开始撑着拐杖走路了。6个星期之后，我又能回去工作了。以前我一年曾赚过2万美元，可是现在我能找到每周30美元的工作，就已经很满足了。我的工作是推销轮船上用的挡板。这时我的内心已经变得很强大，不再为过去发生的事情后悔，也不再害怕将来，我把所有的时间、精力和热诚，都放在推销挡板的工作上。”

爱德华·伊文斯的进步非常快。没几年，他就成了伊文斯工业公司的董事长。多年以来，这家公司一直是纽约股票市场交易所的上市公司。如果你乘飞机去格陵兰，很可能降落在伊文斯机场——这个机场是为了纪念他而命名的。可是，如果没有强大的内心的话，爱德华·伊文斯绝不可能拥有这样的成就。

但丁说："想一想，这一天永远不会再来了。"生命正在以令人难以置信的速度飞速流逝，我们在空间上正在以每秒19千米的速度跑过，所以今天才是我们最值得珍惜的，也是我们唯一能真正把握的时间。

要想成为一个内心强大的人，你所应该知道的第一件事就是，如果你不希望它干扰你的生活，就要学习威廉·奥斯勒爵士——"用铁门把过去和未来隔断，生活在完全独立的今天"。

使自己的工作变得有意义

如果你认为幸福就是毫无止境的休闲，如果你希望退休之后可以一直躺在摇椅里，那么你就进入了愚蠢者的行列。要知道，懒惰是人类最大的敌人，它只会制造悲哀、早衰和死亡。适量的、不会让人过度紧张的工作，不仅不会对人造成伤害，还会对人的健康有益。医生马可・H. 赫林德和斯坦利・A.弗兰克在《健康世界》杂志上介绍了一位81岁的老妇人的故事。老妇人住在堪萨斯市，她把女儿送给她的一张轮椅退还回去，并附言说："我太忙了，没有时间坐轮椅。"

这位老妇人明白，只有工作才是对生活和健康最有益的东西。

现在有许多医生都在批驳"辛苦的工作有害健康"这种说法。据我所知，英国伯明翰大学医学教授W.梅尔维尔・安诺特博士就曾站出来说："过多的休息会导致身体出现有害的变化。就我们所知，没有任何工作可做会伤害健康的身体组织。假如你的工作非常辛苦，但如果不是很危险，也不妨碍你的睡眠和营养供给……而且如果你又有足够的休息时间来恢复体力的话，那么这样的工作就是无害的。请相信我，工作是有益的。"

此外，工作还可以延缓衰老。德国脑科学研究中心的欧・弗格特博士在不久前召开的一次老龄化问题国际研讨会上提出："脑细胞的剧烈运动可以延缓老化的进程，适度工作不仅不会伤害人的神经细胞，反而可以延缓人的衰老过程。”

弗格特博士还将他所做的正常人的脑神经细胞显微研究结果公开。他重点观察了人脑随年龄增长而产生的变化，在两位分别于90岁和100岁去世的女性的大脑中，他发现了一件奇事：她们的脑神经细胞的老化都比较缓慢。

弗格特博士还说：“我们通过研究还得知，那种认为过度工作会加速神经细胞老化的观点是没有科学依据的。”

没错，辛苦的工作不会置人于死地，但是忧虑和高血压却会害死人。和传统的观点恰恰相反，那些步履匆匆、肩负重任的工商业主管们之所以突然死去，并不是因为他们的过度工作。

他们每天的工作其实消耗不了多少精力，但是随工作而来的各种负面因素，如紧张的气氛、巨大的压力、痛苦的失眠、害怕竞争的失败、永无休止的焦虑等，这一切却会恶性循环，疯狂地吞噬他们的生命。他们只能求助于酒精、安眠药、镇静剂，或者去打高尔夫球，在球场上疯狂地运动，以逃避压力。他们的身体和神经系统最后只能以死亡或精神崩溃来结束这种折磨。

现在，美国所有医院的病床几乎一半以上都被那些患有各种精神疾病的人占着，这一数字远远高于小儿麻痹症、癌症、心脏病和其他病人的总和。这一可怕的事实表明一定有什么地方出了问题，而导致这些问题的原因，肯定不是工作辛苦。

科学的进步使我们摆脱了辛苦的工作，而我们的祖先则认为劳动是生活的必要组成部分。即使是技术含量很低的工作，其环境也有了改善，工人的劳动时间大大缩短，机器取代了以前由人力或畜力来完成的工作。我们的休闲时间也比以前更多了，因此不能说是因为工作的辛苦使人们陷入了痛苦的境地。

更重要的是，劳动是人生中必不可少的部分，它不仅仅维持人的生计，而且人如果不活动的话，肌肉就会萎缩。心灵当然也同样如此。而工作是一种酬劳，它是人类征服世界的手段，是人类作为统治者的身份象征。我们今天的文明，也正是人类创造和辛勤劳动的结果，是人类劳动最重要的表现。

如果我们把工作看作是一种负担，并且由于经济因素的考虑而被迫忙碌，直至终老，这实在是在剥夺我们享受人类最大满足的权利。工作本身的益处、它良好的效果和治疗作用、它与性格发展的关系，无不使其成为我们生活中必不可少的要素。

只要稍做分析就会发现，其实所有的工作最终都是服务。人们制作食品、清扫地板、装配零件，或纠正某个舞步，最终的目的都是要使我们的生活更美好、更方便、更快乐，因此这些活动都是富有创造性的。如果我们想要享受工作的乐趣，或从工作中获益的话，就应该用这种创造性来鼓舞自己。

对此，英国著名的电影导演J. 亚瑟·兰克曾比喻说："人们常常忘记自己所从事的行业存在一个最基本的问题，那就是'为什么'。例如，一家制造椅子的工厂不仅要制造椅子以从中获取利润，还要制造人们喜欢坐在上面的椅子。如果制造商忘记了这一点，那么，当他有一天醒来时将会发现，他的椅子以及椅子所创造的利润全都不见了。"

有人认为，现代工业文明的迅猛发展已经扼杀了工作本身的创造性。工作被简化成了一些机械的、不断重复的动作。这种不必了解整个过程的工作有什么好得意的呢？他们还说，当一个人痛苦不堪地忙着在生产装配线上干活时，又能从哪里获得成就感呢？

为了回答这一问题，我想讲一个真实的故事，故事的主人公就是我的夫人。

我夫人曾有好长一段时间在一家大公司工作，她在那里担任统计打字员。公司里有许多打字员，我夫人的工作是负责在一台装有特制长台架的打字机上打印各种无穷无尽的财务报表。她几乎每一天、每一个小时都在不停地打字。像这种工作，精确才是最重要的，然后才是速度。我夫人谈不上喜欢这份工作，因为它确实太辛苦、太单调、太乏味了。但是，她对自己能尽力做到完美感到非常自豪。虽然这份工作也是所谓“机械式”的，而且不过是一项大工程中的一个小环节，但却需要高度的技巧，所以她很满意自己在工作上达到的高水准，它让她体会到了精确以及精益求精地做好每一件事的重要性。我夫人说，这份工作对她后来的成长和个性成熟来说，是很有益处的。

我夫人的经历也验证了G.K.契斯特顿的话。他说：“摆脱当秘书的命运的最好方法，就是做一个成功的秘书。”换一句话说，就是我们内心对待工作的态度，在很大程度上决定了我们是否能对它做出正确的判断——它究竟是令人沮丧的辛苦劳作，还是让我们的灵魂感到愉悦的快乐之事？

有些主妇认为，每天刷盘子洗碗之类的例行家务是讨厌而卑贱的奴仆工作，但是我所认识的一个叫波姬儿·达尔的女人却认为这是一种难得的享受。

波姬儿·达尔是一位职业作家，写过一本自传，还为多家杂志撰稿。达尔小姐一生中的大部分时间都是在黑暗中度过的，直到做了一系列手术之后，她的视力才得以部分恢复。她说，从那以后，她就将每天洗碗当作感谢命运恩赐的奇迹。

“我站在厨房的小窗户前面，可以望见一小片蓝天。”波姬儿·达尔小姐说：“那些飞舞的七彩肥皂泡，我怎么也看不厌倦。失明多年以后，能在干家务时看到这么多美丽的东西，令我的内心激动不已。”

然而，不幸的是，我们许多视力正常的人却对周围美好的东西视而不见。这是因为我们不具备达尔小姐所拥有的心态，不懂得珍惜工作给我们带来的价值。

没有什么药物能比工作更有效地治疗我们的疾病。得克萨斯州慕尔休市的丽达·琼斯夫人认为正是工作把她从精神崩溃的边缘拉了回来。

1941年，琼斯夫妇带着两个孩子搬到了新墨西哥州一个方圆30英亩的农场。到了之后，他们才发现那里是一个令人恐怖的蛇窟，到处都有响尾蛇，琼斯夫人猜想全得州的蛇一定都聚集到那里了。

“虽然在我们那里没有水电和煤气，生活非常不方便，但这些却不是我最担心的。我最感到害怕的，是万一家人被蛇咬伤了该怎么办？我常常会做噩梦，梦到自己抱着孩子，从家里跑到镇上去找医生。我丈夫到地里去干活时，只要有几分钟看不到他，我就会陷入深深的恐惧之中。

“这种不断袭来的忧虑和恐惧，迫使我不得不无休止地工作，否则我就会精神崩溃。我们的生活非常艰苦，所以辛勤工作显然是很必要的，而正是这种辛勤工作挽救了我。我在30英亩的地里全部种上了玉米，累得双手长出了老茧；我自己动手为孩子做所有的衣服；制作了足够我们吃5年的罐头食品……我每天都工作到疲惫不堪的程度，累得只想上床睡觉，再也没有时间和精力去考虑其他的事情，当然也包括蛇的问题。

“一年时间过去了，我们家没有人被蛇咬过，而后来我们也很快搬走了。那以后，我再没机会那么辛苦地工作过。但我一直感激那一年的辛苦工作，正是它挽救了我，使我得以摆脱濒临崩溃的困境。”

我们应该像琼斯夫人那样充分享受工作，度过生活的危机。当我们面临灾难、个人的悲惨遭遇或失去了自己所爱的人时，辛苦工作也经常能成为支撑我们的力量。

工作是让我们获得强大内心的有效途径，这是懒人所无法想象的。无论是体力劳动还是脑力劳动，都是大自然赋予我们的、让我们不断成长的最神奇的力量。

多关注人类善良的本性

纽约市的琼·李·罗瑞来信告诉我一些有趣的事：

“一天上午，大约是在11点钟，在毫无心理准备的情况下，我的公司突然被两个生意人用所谓的‘法律手段’合法地夺走了。我惊呆了，立即去找我的律师。可是，咨询过律师之后，我不得不接受事实。转眼之间，我就失去了一切。我从来都没有这么恐惧过。下午2点左右，我来到工厂，向生产部经理刘易斯小姐讲述了事情的经过，然后和其他员工一一道别。这些人大都是从一开始就跟着我做事的。

“但是，在新老板接手的时候，竟然发生了令人难以想象的事情：整个公司的人全都收拾好了自己的东西，他们都要辞职。新老板向他们保证，只要他们留下来，他会开出令他们满意的条件。他还特意找到刘易斯小姐，表示只要她肯回去，就答应给她一份终身合同。但是刘易斯小姐回答说：‘我并不是非得靠你们这种人才能活下去。’

“新老板都快急疯了。他们有大量的库存和机器，可是没有人懂生产技术，一时间也找不到愿意为他们工作的人。

“我的那些员工去政府部门申请失业救济金，但是当政府部门打电话到公司核实时，新老板却说：‘这些人在我们这里有事情做，可以让他们回来上班。’员工们没有向新老板妥协，当然也没有得到救济金。我不能为他们做什么，我自己现在已经身无分文，因为我私人的一切都归公司所有。

“接连五个星期，情况都没有任何变化。我心里很着急，担心员工们无法生活，因为他们以前总是很快就花完当月的工资。到了第六个星期，新老板不得不投降，他们只是得到了公司的空壳，根本无法开工。那天下午4点钟左右，公司又合法地回到了我手中。第二天一大早，所有员工全都回来上班了。

“在我失去公司的那一刻，的确出现了最糟糕的情况。我对一切无能为力。幸好有员工和我之间相互真诚的尊重、欣赏和理解。在危急关头，正是他们以最真诚的忠心对待我，使得新老板别无选择，只能把公司归还给我。我永远感激他们，这个世界上不会有人像我这样幸运，拥有这么多可爱的朋友。”

这是一个多么感人的故事啊！

只有内心强大的人才能不断地发现人类的可爱之处。而那些认为从政者全都是骗子、大公司都缺少人情味、当老板的都是奸商的人，内心显然还不够强大。

在1944年，来自西弗吉尼亚州的达尔·帕里在海上的一艘自由轮船上，学到了有用的一课。他的经历完全可以作为我们学习的范例。

当时，帕里先生还是航海学院的一名学员，以甲板水手的身份在轮船上当实习生。这是轮船上最低的职位，船上几乎任何一个人都可以对他发号施令，而绝不允许他违背，否则一旦有人提出对他不利的意见，他就得马上回部队去。帕里先生说：“船长对于这种实习制度根本不屑一顾，而且他对于来自航海学院的所有人也都不闻不问。因此，我的日子过得并不好。

“和这些冷酷无情的人一起度过了4个星期之后，我的功课落了许多。本来我每天要花6个小时温习功课，但现在我根本抽不出时间学习，于是我决定去找船长谈一谈。一天晚上，我手上拿着一本书，轻轻地敲了敲船长的门。

“‘谁啊？’他大声问。

“‘是我，帕里。船长，我——’

“‘你究竟要干什么？’他生气地问我。

“‘是这样的，船长，不知道您是否能帮我分析一下我遇到的棘手问题，对此我会深表感激。我相信，凭借您多年来的航海经验，一定遇到过不少类似的问题，您一定知道该怎么处理。’

“‘当然没错。’船长说，‘让我看看。’

“当我走出船长的房间时，他答应我每天给我4个小时用来专心复习功课，2个小时在甲板上服务，4个小时执勤。原本粗暴的船长变成了一位善解人意的大好人。”

只要让自己内心强大，消除心中的芥蒂，我们将会发现身边的人是多么善良、仁慈、慷慨。

我经常会走进书房，打开书桌中的那个小抽屉，读一封我一直珍藏的信。这封信是梅伊·卡莱夫人写给我的。她在信中写道：

“在我12岁那年，我父亲借给一个邻居1800美元，使那人保住了他的农场。几年以后，尽管那个邻居已经有了很强的经济能力，可是他一直没有还这笔钱。

“有一次，那个邻居喝醉了酒，突然想到如果我父亲死了，他就不必还那笔钱了。于是，就在我父亲晚上开车进城时，他故意开车撞向我父亲，结果我父亲当场被撞断了三条肋骨和一条胳臂，一只手也严重受伤。那个邻居若无其事地开车扬长而去，把我那受伤的父亲丢在路上。

“一个住在城里的朋友知道了这件事之后，找到了我父亲，送他去了医院。正当我父亲扶着受伤的肋部，坐在一边等医生叫他时，那个喝醉的邻居又出现了。他丧失了人性，一脚踢在我父亲下巴上，结果我父亲的下巴又严重受伤，而且还导致腺体受损。

“很快，医生带着警察赶来了。可是我父亲并没有让警察把那个邻居带走，还为他辩解说他是因为喝醉了酒才这样做的。他还说，如果逮捕那个邻居，只会给对方的家人带来更多的麻烦。

“后来，父亲住进了城里的一家医院，接受了各种治疗，但是一年半以后，他还是没能活下来。在去世之前，父亲把我们5个子女叫到他身边，紧紧地握住我的手，说：‘答应我，永远不要和那个邻居的任何一个孩子为敌。要让他们像你们一样，长大后成为社区受人尊重的人。心中充满仇恨的人，是绝不会有快乐的。’

“对于一个小孩子来说，这实在是最难信守的承诺，但是我做到了。30年来，我一直信守着这个承诺，而那个邻居的孩子现在成了我最好的朋友。”

我的父亲是多么富有同情心和宽容心啊！邻居借了他的钱，还使他受伤，甚至丢了生命，但他并不怨恨对方，还要求子女不要因为这件事而仇恨对方的家人。

来自加州格兰德尔的乌伊拉德·柯罗斯莱医生也给我讲了他的一次经历。他认为这是一次非常有趣而又富有教育意义的经历，当时他还在医学院读三年级。

一个星期六的上午，院长要给他们班做一堂关于药理学的重要讲座，但是柯罗斯莱却偷偷地溜了出来，和一个漂亮的金发护士相约去郊外野餐。

就在柯罗斯莱准备为女友吟诵诗歌时，突然有人向他们走过来。

“我一抬头，”柯罗斯莱医生说，“竟看到了院长——他带他的女儿出来收集药草。我当时既不敢站起来，也说不出一句话，我想我一定吓坏了。但是院长只是看了我一眼，就皱着眉头走开了。

“他一离开，我立刻就慌了。什么野餐、什么金发女友，我再也提不起任何兴趣了，心里只想着自己就要结束这3年的医学院生活，将会被开除了。

“回到学校之后，我把这件事告诉了一些好朋友。他们都说这件事不容乐观，甚至还有一个家伙拍着我的背说：‘啊，看来你当不了医生了。’还有人来问我的课本多少钱才肯卖给他们。我就这样悲惨地过完了周末。我决定星期一上午去找院长。

“我找到院长，诚恳地道歉说：‘院长，我想为我上个星期六的表现向您道歉。那天我遇见您，既没有站起来，也没有向您问好，我确实太没礼貌了。’

“院长似乎觉得很好笑，他说：‘我在年轻的时候，也做过你那样的事。孩子，别担心。对了，你们玩得还好吧？’

“我这才放松下来。原来院长是一个这么富有人情味的人，他知道年轻人是怎么生活、工作和娱乐的。我认为这也许正是他能当院长的原因吧！”

来自新泽西的J.W.阿尔伯特先生也讲了他的认识和感受。当时，他正在一艘驱逐舰上任职。

“那真像是海军的一贯做法。”阿尔伯特先生说，“他们竟然让我这个愚笨的会计师去负责舰上的锅炉室、轮机室和其他所有的机械设备，而我对这些根本一窍不通。

“我这一辈子都没去过几次轮机室，因此在上舰前一个月我就非常担心，上舰好几个星期后一直不适应。后来事实证明，我的这种担心是完全没有必要的，因为没有什么困难是克服不了的，一切都运转正常。

“在舰上大约干了一个月之后，我们得到了三天的周末假。当我向手下人宣布这个好消息时，还非常愉快地告诉他们：‘我们之所以能得到这个特别假期，完全得益于大家过去一个月的优异表现，我非常庆幸能有机会和你们合作。你们所有人都能尽职尽责，正是这种共同努力，使我们的轮机部门变得坚强无比。’

“当时我说这些话时只是例行公事，并没有想过其中有什么特殊的含义。直到几天之后，我才有所领悟。其实这是一个事实啊！所有人都尽到了自己的职责，都表现优异，而且正是他们做好了我一度没有把握做好的事情。而我一直以为自己将独自承担全部责任！

“我当即明白了：根本不必担心因为某个人的失误会使整艘舰船毁灭，也不必担心我们不能及时完成任务。我还知道我们并不是孤立无援的，因为总有很多好人在我们身边，他们会帮助我们，如同我们也会帮助他人一样。”

是的，这个世界上到处都有好人——当然，坏人也会隐藏在人群当中，我们在人生道路上难免会遇到坏人。但就像“有燕子飞来并不代表春天已经到来”一样，即使偶尔遭遇一两个坏人，也并不代表全世界的人都是坏人。当然，这个道理需要一个人内心足够强大才能领悟。

我们的行为和态度经常造成他人的一些不良反应，使他们变得愤世嫉俗，武断地认为“这世上没有好人”。

我几年前来到纽约开拓新事业时，也曾因为一次痛苦的经历而付出了高昂的代价，结果白白搭进去好几百万美元。

在很长一段时间里，我心中的怨气一直难以平息，却又无可奈何。我开始相信人们以前讲的关于大都市里肮脏的商业故事，认为那些传言全都是可信的，我本人就是中了奸商的诡计，成了牺牲品。

后来我慢慢想通了——如果我当时能稍微动动脑筋想一想的话，整个事情可能就不会出现那样的结局，全都是我自己的轻信和愚蠢造成了恶劣的后果。我只能怪自己，与别人毫不相干。

可是，人们总是情愿相信自己是因为他人的恶行而受害，不愿意承认是因为自己的愚蠢才导致失败。所以在现实生活中，人们最难说出口的一句话就是“我是个傻瓜”，但是，当我们足够强大，脱离了感情上的“婴儿期”时，就一定能对自己说出这句话。

任何一个小孩子都能坦然地告诉你人性中的丑陋面，如自私、愚蠢、贪婪和自负。只有具备了强大的内心，才能感知人类善良的本性，才能发掘出人性中所蕴含的温情与善意。

第十二章

洒脱地生活

放松自己，青春永驻

那年秋天，我的助手乘飞机去波士顿参加一次不寻常的医学课程。这个课程每星期举行一次，参加者在进场之前都接受过彻底的身体检查。这个课程实际上是一个心理学临床实验，它的真正目的是为一些因忧虑而患病的人治疗，而大部分病人都是精神上饱受困扰的家庭主妇。

这种专门针对忧虑患者的课程是怎么开始的呢？1930年，约瑟夫·普雷特博士（他曾是威廉·奥斯勒爵士的学生）注意到，很多前来波士顿医院求医的病人生理上根本没有任何毛病，可是他们却认为自己患了某种病。

例如，有一个女人的两只手因为患了关节炎而完全无法活动；另外一个女人则因为患了胃癌而痛苦不堪，还有其他背痛的、头痛的和常年感到疲倦的人。这些女人真的能够感受到病痛，但即使做了最彻底的医学检查，也没有发现她们有任何生理上的疾病。很多有经验的医生都认为，这完全是由于心理因素的影响——也就是“病在她们的脑子里”。

可是普雷特博士却知道，单纯地让那些病人“回家去，忘掉这件事”，对她们毫无用处。他当然知道这些女人大多数都不希望自己生病，如果她们的痛苦能够那么容易就忘记的话，她们大概早就这样做了。那么，该怎么治疗这种疾病呢？

最初他开办这个课程的时候，医药界的同人都不以为然，谁知结果却收到了意想不到的效果。开班18年以来，有成千上万的病人因为参加了这个课程而治好了病。有些病人坚持上课好几年。我的助手曾与一位坚持了9年、并且很少缺课的女人交谈过。

她说第一次参加这个课程的时候，她深信自己患有肾病和心脏病。她既忧虑又紧张，有时还会突然看不清东西，所以她很担心自己会失明。可是现在她却充满了自信，心情十分愉快，而且健康状况良好。她看上去只有40来岁，怀里却抱着熟睡的孙子。

“我以前总为家里的事情愁得要死，”她说，“有时甚至想一死了之。可是我通过这个课程学到了忧虑对人的害处，学会了如何让自己的内心强大起来。现在我可以说，我的生活真是太幸福了。”

这个班的医药顾问罗丝医生发现，减轻忧虑的最好的药剂，就是跟信任的人谈论自己的问题。“我们称之为净化作用，”她告诉我，“病人到这里来的时候，可以放心谈她们的问题，直到把这些问题完全赶出她们的大脑。一个人如果把忧虑憋在心里，不告诉任何人，就会造成精神紧张。我们都应该让别人帮忙分担我们的问题，也应该帮别人分担忧虑，我们必须相信这个世界上还有人愿意听我们的谈话，也愿意了解我们。”

我的助手就曾亲眼看到一个女人在说出了心里的忧虑后，得到了彻底的解脱。她在家事方面有许多烦恼，刚开始谈这些问题的时候，她就像一只绷紧的弹簧，后来她逐渐地平静下来。等到谈完之后，她居然露出了微笑。那些困难是否已经解决了呢？没有，事情可不会这么容易。她之所以出现这样的改变，是因为她能和别人谈自己的问题，并得到别人的忠告和同情——而真正带来这种变化的，是具有强大治疗功能的语言。

从某方面来说，精神分析就是一种以语言的治疗功能为基础的治疗方法。从弗洛伊德时代开始，心理分析学家就知道，一个病人只要能说话——哪怕只是说出来，医生就能够解除他心中的部分痛苦。这也许是因为在他说出来之后，我们就可以更深入地看到问题的所在，所以能找到更好的解决方法。相信每个人都有这样的体验："畅谈一番"或"发发胸中的闷气"，往往能使人立刻觉得舒畅许多。

下一次再碰到什么情感上的困难时，我们为什么不去找人谈一谈呢？当然，我并不是说随便找个人，把我们心里所有的苦水和牢骚都说给他听。我们要找一个自己信任的人，如亲戚、医生、律师，和他约好时间，对他说："我希望得到你的忠告。我有个问题，希望你能听我谈谈，也许你可以给我一点忠告。俗话说'旁观者清'，你也许可以看到我自己所看不到的问题——即使你做不到这一点，只要你肯坐下来听我谈这件事情，也等于帮了我的大忙。"

把心底里的事说出来，正是波士顿医院的课程中最主要的治疗方法。其实，我们在家里就可以做到。下面是我们从那个课程中学到的一些方法。

第一，准备一本"供应灵感"的剪贴本，在上面贴上自己喜欢的、令人鼓舞的诗句或名人格言。一旦感到精神颓丧，就翻开这个本子，也许可以找到治疗的药方。在波士顿医院，很多病人都会把这种剪贴本保存好多年，她们说这等于是替你的精神"打了一针"。

第二，不要为别人的缺点操心。不错，你的丈夫确实有很多缺点，但如果他是个"圣人"的话，可能他根本就不会娶你。在那个班上有一个女人，因为长期与丈夫不合，渐渐变成了一个待人苛刻、爱挑剔、常常拉着脸的怪女人。直到有人问她："如果你丈夫死了，你怎么办？"，她才发现了自己的问题。她当时确实吃了一惊，连忙坐下来，把丈夫所有的优点都详细地列举出来，结果发现自己写的那张单子真是太长了。如果你觉得嫁错了人的话，不妨也试着这样做。也许在看过他所有的优点之后，你会发现他正是你希望嫁的那个人呢。

第三，要对你的邻居有兴趣。对那些和你共同生活在一条街上的人，要有友善而健康的兴趣。

有一个很孤独的女人，她觉得自己被世界“孤立”了，一个朋友都没有。有人建议她试着把下一个碰到的人当成主角，为自己编一个故事。于是，她开始在公共汽车上为她所看到的人编故事。她设想那个人的背景和生活。后来，她一遇到别人就聊天，人也开朗了许多。现在她活得非常开心，变成了一个受欢迎的女人，也治好了她的“心病”。

第四，每天晚上上床之前，先安排好明天的工作。这个班上的很多家庭主妇都因为有做不完的家事而感到疲倦不堪。她们好像永远也做不完手头的工作，老是被时间追赶着。为了治好这种匆忙和忧虑的感觉，专家建议这些家庭主妇在头一天晚上就把第二天的工作安排好。结果如何呢？她们能完成许多工作，也不会感到太过疲劳。同时她们还因为做出了成绩而感到非常骄傲，甚至还有时间休息和打扮（其实每一个女人每天都应该抽出时间来打扮自己，让自己看上去漂亮一些。我认为，当一个女人知道自己的外表很漂亮的时候，就不会那么紧张了）。

第五，能避免紧张和疲劳的唯一办法，就是放松。再没有什么比紧张和疲劳更容易使人变老的了。我的助手在波士顿医院举办的那个课程上坐了一个小时，听负责人保罗·约翰逊教授谈了许多我们在前面已经讨论过的那些让人放松的方法。我的助手由于也和其他人一起做了这些练习，所以在10分钟的自我放松训练结束之后，他几乎坐在椅子上睡着了。如果你要消除忧虑，就必须放松。

作为一个家庭主妇，一定要懂得如何自我放松。你有一点强过别人的地方，那就是只要想躺下，随时都可以躺下，甚至还可以躺在地上。

而且，让你想不到的是，那种硬地板比装着弹簧的席梦思床更有助于自我放松——因为地板给你的抗力比较大，对脊椎大有好处。

下面就是一些你可以自己在家里做的运动。先试一个星期，看看对你有多大好处：

第一，只要觉得疲倦，就平躺在地板上，尽量伸展你的身体。每天做两次。

第二，闭上双眼，像约翰逊教授所建议的那样，对自己说："太阳当空照耀，天蓝得发亮，周围一片寂静，大自然控制着整个世界——我是自然之子，也能和整个宇宙协调一致。"

第三，如果你没有条件躺下，那么也可以坐在椅子上，效果完全相同。

第四，慢慢蜷缩你的10个脚趾头，然后让它们放松；收紧腿部肌肉，然后慢慢放松。慢慢地运动各部分肌肉，最后到你的颈部，然后向四周转动头部，同时不断地对自己说："放松……放松……"

第五，用缓慢而平稳的深呼吸来安抚你的神经，要从丹田开始吸气。印度的瑜伽功很不错，它所提倡的有规律的呼吸，是安抚神经的最好方法。

第六，关注脸上的皱纹，尽量将它们抹平；松开你皱紧的眉头，微微张开嘴巴。每天这样做两次，也许你不必再去美容院做按摩，这些皱纹就会从此消失。

尽力摆脱生活中的不幸

小说家荷马·克洛伊曾有过一段极为不幸的经历。

“我一生中最悲惨的时刻，是1933年的一天。”他说，“这天，警长来到我家的前门口，而我则从后门溜了出去——我失去了在长岛佛罗里斯特山的家，我的孩子都出生在那儿，我和家人也在那里住了18年。我从来都没有想到这种事情竟然会降临到我的头上。

“12年前，我认为我处于世界顶端。我的小说《水塔之面》的电影版权以好莱坞最高价格卖给了一家电影公司。我和家人在国外住了两年，夏天去瑞士避暑，冬天则住在法国的南部。我们过着标准的富翁的生活。

“我在巴黎住了6个月，写了一本小说《他们必须来巴黎观光》。后来这本小说被改编成电影，由威尔·罗吉斯主演，这也是他的第一部有声电影。他们要求我留在好莱坞，为罗吉斯继续写几部电影剧本，但我还是回到了纽约。

“我的麻烦从此开始了！我渐渐地认为自己拥有一些尚未开发的潜在能力，开始幻想自己是一个精明的商人。有一个人告诉我，约翰·嘉科伯在纽约投资购买空地，由此成为百万富翁。嘉科伯是什么人呢？他只不过是一个移民到美国的小商贩。如果他能成功，为什么我就不能？

“我马上就要发大财了！我开始读有关游艇的杂志。

“然而，我空有无知的勇气，对于房地产却一无所知。我应该如何开始这方面的事业呢？我认为这很简单。我抵押了我的房子，然后买下佛罗里斯特山一块位置最好的建筑用地。我想保留这块地，直到地价涨到最高时，再将它卖掉，那么我将坐享厚利，成为一个大富翁。我开始同情那些整天坐在办公室，整天忙忙碌碌的职员，因为他们只能依靠一份薪水过日子。

“然而，经济突然间不景气了，就像堪萨斯城的狂风袭击鸡笼一样，我被吹垮了。

“我每个月必须为那块地支付220美元。唉，那几个月过得可真快啊！除此之外。我还必须为那座被抵押掉的房子还款，并且要养活一家人。

“我十分烦恼，想为杂志社写一些幽默小说。但我的幽默小品颇似《旧约》中的哀歌。

“我没有卖出任何稿子。我写的小说也没人要。我所有的钱全用光了，除了打字机和我嘴里的金牙之外，我没有任何东西可用于抵押借款的。牛奶公司停止为我送牛奶，燃气公司也关掉了燃气，我不得不买了一个露营用的小火炉对付着用。

“我们没有煤炭可用，唯一取暖的东西是那个壁炉。我经常在晚上出去，到那些有钱人正在建造的房子附近捡一些废木头，而我本来是想跻身这些有钱人行列中的。

“我十分烦恼，难以入睡。我经常在半夜起床，在外面走数小时，以便使自己走到疲倦入睡。

“我不仅失去了我所买的那块空地，连我花在上面的全部心血也随之付诸东流。银行终止了我的抵押，把我和家人赶到了大街上。

“我们好不容易找到几美元，租了一小间公寓，在1933年的最后一天搬过去。我坐在行李箱上，抬头四处张望。这时，我母亲的一句老话

突然涌入我的脑海中：‘不要为打翻了的牛奶而哭泣！’

“但这并不是牛奶，而是我的全部心血！

“我在那里坐了一会儿，然后对自己说：‘好吧！我已经历过最悲惨的遭遇，而且已经熬了过去。从今以后，情况只会好转，而不会变坏了。’

“我开始想到我仍然拥有美好的事物：我的身体依旧健康，朋友仍然健在，一切都可以重新再来。我不再为过去而哀伤，我将每天重复母亲所说的那句话。

“我把精力用在工作上，不再去自寻烦恼。渐渐地，我的情况开始有所改善。对于我以前的那段悲惨遭遇，我现在充满了感激——它给了我力量、坚忍和信心。现在我知道什么是最困苦的生活，我还知道天无绝人之路，我更知道我们能忍受更大更多的困苦。现在，当我遇到小烦恼、焦虑和障碍时，我就会提醒自己当年坐在行李箱上对自己说的话：‘我已经历过最悲惨的遭遇，而且已经熬过去了。从今以后，情况只会好转，而不会变坏了。’”

不要为无法改变的往事而空自伤悲，接受难以避免的事实吧！如果你的境况已经糟至极点，那就试着往上爬吧！

家庭主妇凯瑟琳·哈尔特的生活同样不幸，但她找到了摆脱烦恼的秘诀：

“在我小的时候，对生活充满了恐惧。我的母亲患有心脏病，我经常看见她晕倒在地板上。我们都很担心，害怕她会这样死了。而且我认为那些失去母亲的小女孩都会被送到位于我们所住的密苏里州东林顿镇的卫斯里中心孤儿院。只要一想到会被送到那儿去，我就非常的害怕。当我还只有6岁时，我就经常祈祷：“请让我母亲继续活下去，直到我长大了，可以不用去孤儿院。”

“我的哥哥梅勒受了伤，遭受了极大的痛苦，过了20年后才去世。他不能吃东西，也不能在床上翻身。为了减轻他的痛苦，我每隔3小时必须为他注射一针吗啡，不管晚上或白天都要注射。我这样接连为他注射了两年。

“那时，我在镇上的卫斯里中心学院教音乐。当邻居们听到我哥哥痛苦得大声喊叫时，就打电话到学校找我，我会立即放下手中的工作，赶回家再为我哥哥注射吗啡。每天晚上，我在上床之前就把闹钟调到3小时之后，以便起床为哥哥打针。我记得，在冬天的夜晚，我总是把一瓶牛奶放在窗外，好让它结成冰，变成我最喜欢吃的冰激凌。当闹钟响时，窗外的冰淇凌也就成了我起床的另一种动力了。

“在这么艰苦的情况下，我采取了两项措施，使自己避免陷入自怜自伤，也免受烦恼和悔恨之苦。

“第一，我让自己变得十分忙碌。我每天都要教12小时至14小时的音乐课，因此没有时间去烦恼。而当我为自己感到难过之前，我就一遍又一遍地对自己说：‘听着，只要你还能走路，还能自己吃饭，身上又没有大病，那么你就是这个世界上最快乐的人了。千万不要忘记，不管遇到什么困难，只要你还活着，那你就是最幸运的人了，不万不要忘记！’

“第二，我决定为我所获得的这些幸福培养出永远感激的态度。当我每天早晨醒来时，我就会感谢我能自己起床，走到餐桌边给自己准备早餐。我深深地感到，尽管我遭遇到了许多困难，但我仍然是镇上最快乐的人——也许我并未成功地实现这一目标，但我成功地使自己成为这个镇上最懂得感恩的年轻女子，而我的同事中可能没有几人会像我这么快乐。”

这位密苏里州的音乐教师与我们分享了两条原则：她让自己一直保持忙碌，以至于没有时间去烦恼；同时，她又对自己的幸福心存感激。这两条原则，对你也许同样有用。

别做无谓的担心

以下是来自戴维斯商学院创始人伯莱克的真实故事：

1943年夏天，似乎这个世界的一半烦恼都降临到了我的头上。

40多年来，我一直过着无忧无虑的生活，平时所遇到的麻烦，不过是作为一个丈夫、父亲、商人所能处理的小问题而已。碰到这些小问题时，我通常都可以轻易地处理，但突然间，我的天啊！竟然有6项重大麻烦突然同时打击着我，那时我整夜在床上辗转反侧，害怕白天的到来。我所面临的是下面六项重大麻烦：

第一，我的商学院濒临破产，因为所有的男孩子都参军服役去了，而女孩子即使没有接受商业训练，她们在军火厂所赚的钱，也比在我的商学院毕业后去公司工作赚的钱还要多。

第二，我的大儿子正在军队中服役，跟所有为人父母者一样，我十分担心他的安全。

第三，俄克拉荷马市政府开始计划征收一大片土地来建造机场，而我家的房子——以前是我父亲的房子，正好位于这一大片土地的中央。我知道自己只能得到土地总价十分之一的补偿。更糟糕的是，我将失去我的房子，而当时房源缺乏，我担心能不能找到另一栋房子供我们一家六口度日。我担心我们也许会住在帐篷里，我甚至担心我们是否有能力购置一个帐篷。

第四，由于我家附近刚刚挖了一条大排水沟，使得我家的水井干枯了。若是再挖一口新井，等于浪费600美元，因为这块土地已经被征收。我已经接连两个月每天早上提水喂牲口，我担心在战争结束以前，必须每天都这么做。

第五，我的住处离学校有10公里远，而我领的是“乙级汽油卡”，这意味着我不能购买任何新轮胎。因此，我十分担心，一旦我那辆过时的福特车的轮胎爆了，我就无法上班了。

第六，我大女儿提前一年高中毕业，她总想上大学，但我没有钱供她上大学，我知道她一定很伤心。

有一天下午，我在办公室里想着上面这些烦恼，并将它们全部记下来，觉得似乎没有人比我的烦恼更多了。只要有机会，我并不在乎花时间和精力去解决它们，但现在这一切困难似乎都无法控制了，我根本没法解决。所以我就用打字机把这些困难全部打出来。几个月之后，我忘了这件事。18个月之后，整理文件时，我碰巧又看到了这张清单，上面详细陈述了一度令我几乎崩溃的六大困难。我极感兴趣地看了一遍，并且获益不少，现在我发现所有的困难都已经不复存在了。

现在，这六大烦恼已出现了改观：

第一，我担心商学院会被迫关门，这是瞎操心。因为政府拨款补助商学院，请我们代为培训退伍军人，我的学校很快又恢复了往日的生机和活力。

第二，我发现担心我儿子的安全完全没有必要。他已经经历过战争，身上一点伤也没有。

第三，我发现担心土地被征收也是多余的，因为政府在我农场附近1公里远的地方找到了石油，建造机场的计划因此停了下来。

第四，我担心没有水井喂牲口也是不必要的，当我得知土地不会再被征收之后，就立刻花钱打了一口新井，水源不绝。

第五，我担心我的轮胎破裂也是不必要的。那个旧轮胎维修过之后，只要小心驾驶，绝对没问题。

第六，我担心我女儿上大学的事也是不必要的。在开学前六天，我获得一个查账的工作机会，这简直是个奇迹，使我能够供她上大学。

过去我常常听人说，人们所担心的事有99%都不会发生，但我对这种说法一直不以为然，直到18个月之后，当我找出那张单子之后，方才明白这一道理。

对于以前那些烦恼，我现在觉得十分感激，因为这段经历给我留下了无法磨灭的印象，它使我明白，整天担心永远不会发生的事情，是很悲哀的。

记住，今天就是你昨天所担心的明天。一定要问自己：我现在所担心的事，真的会发生吗？

4 克服自卑，热爱生活

有件事情十分有趣，艾玛·托马斯在年轻时，曾因为衣服不合身而万分苦恼，但后来却被称为美国参议院“着装最佳先生”。

以下是美国参议员艾玛·托马斯的真实故事：

16岁时，我经常遭受烦恼、恐惧、自卑的折磨。当时我的身高相对我的年龄来说，实在是太高了，而我却瘦得像竹竿一样。虽然我长得这么高，但体质却很差，不能和其他小男孩在棒球场或田径场上角逐。他们嘲笑我，叫我“瘦竹竿”，为此我十分忧愁，非常自卑，几乎不敢见人。而我确实也很少与人见面，因为我们的农庄离公路很远，四周全是茂密的树林，我们的住处离公路有半里远，我经常是一连七八天都看不到任何陌生人，见到的只是我的父母和兄弟姐妹。

如果我完全被动地接受这些烦恼和恐惧的打击，那我可能终生都是一个无用的人。那段时间，我总是在忧虑自己那高瘦虚弱的身体，无法想到其他的事情。母亲知道了我的感受——她曾经当过学校老师，她对我说：“孩子，你应该去接受高等教育，应该靠你的大脑生活，因为你的身体状况不好。”

父母没有能力送我去读大学，我必须自己奋斗。有一年冬天，我去打猎，独立铺设陷阱，捕捉负鼠、臭鼬、貂和浣熊。到了春天，我卖掉这些兽皮，得到了4美元，然后买回来两头小猪。我先用流质饲料喂养小猪，然后再用玉米喂养。第二年秋天，我卖掉两只猪，得到了40美元。我带了这笔钱，到位于印第安纳州丹维市的师范学院求学。我每星期的伙食费是1.4美元，房租每星期是0.5美元。我身上穿的是母亲给我缝制的棕色衬衫，还有一套西装，不过这本来是父亲的，我穿着不合身。我脚上穿的那双鞋也是父亲的，同样不合适——那种鞋子两侧有松紧带，但早就没了弹性，加上前端又很宽松，一走起路来，鞋子就会从我脚上掉下来。我觉得很难堪，不敢和其他学生来往，常常独自一人在房里看书。当时我最大的愿望，就是有能力买一些衣服，既合我身材，也不会使我感到羞耻。

没过多久，突然发生了几件事，其中一件事不仅给了我勇气、希望和信心，使我克服了自卑感，完全改变了我以后的生活。我简单描述一下这几件事。

第一件：进入师范学院8个星期之后，我参加了一项考试，获得了“三等奖”，这样我就可以在乡村公立学校教书。说得更明确一点，这张证书的期限只有6个月，但它可以使别人对我有信心。除了母亲之外，这是第一次有人对我产生信心。

第二件：一所位于“快乐谷”的乡村学校的董事会聘请了我，我每天的薪水是2美元。这表明有人对我更具信心了。

第三件：在领到第一份薪水之后，我从商店里买了新衣服，穿上它们之后，我不再觉得自卑。如果现在有人给我100万美元，我也不会像当初花几美元买那些衣服时那么兴奋。

第四件：我生命中真正的转折点——我克服忧愁和自卑的第一次大胜利，发生在印第安纳州班桥镇每年举行一次的“普特南郡博览会”上。母亲鼓励我参加一次将在博览会上举行的演讲赛。对我来说，这可是个幻想，我甚至没有勇气当着一个陌生人的面谈话，更别说面对一群观众了。但母亲对我的信心让我非常感动——她对我的前途有很大的期望，她是为她的儿子而活的。她对我的信心使我决定参加比赛。

我选择了唯一有资格演讲的题目——《美国的自由艺术》。老实说，刚开始准备这篇演讲稿时，我并不知道什么是自由艺术。不过，因为我的听众们也不懂这些，所以我将那份辞藻华丽的演讲词全部默记下来，并对着树木和牛练习了不下一百遍。由于我想在母亲面前好好表现一下，因此我一定是带着深厚的感情做那次演讲的——结果我获得了第一名。

我惊呆了！听众中间响起一片欢呼。而那些曾讥笑我、称我为“瘦竹竿”的男孩子现在却拍着我的背说：“艾玛，我们早知道你能行。”母亲拉着我的手，高兴得哭了起来。

回顾过去，可以看出，那次演讲比赛获胜是我人生的转折点。当地报纸在头版刊登了一则消息，预言我前途无量。

那次比赛获胜使我在当地声名鹊起，成为家喻户晓的人物。而最重要的是，这件事使我的信心增加了上千倍。现在我很清楚，如果不是在那次演讲比赛中获胜，我恐怕一辈子也进不了美国参议院，这件事打开了我的视野，使我明白自己具有以前想都不敢想的潜在能力——最重要的是，我在那场演讲比赛中得到第一名的奖品，是师范学院一年的奖学金。

那时，我渴望多学一点东西。因此，在之后的1896年至1900年之间，我把自己的时间分为教和学两部分。为了支付大学的费用，我曾在餐馆当过服务员，看守过锅炉，剪过草，当过记账员，暑假还去麦田和玉米田工作，并在公路上挑石子修路。

1896年，当时我只有19岁，但我已做了28次演说，呼吁人们投票选威廉·布利恩当总统。为布利恩竞选拉选票的经历，使我产生了从政的兴趣。因此，在进入大学之后，我选修了法律和公开演说两门课程。在1899年，我代表学校参加了与巴特勒学院的辩论赛，这次比赛在印第安纳州波利斯市举行，辩论题目是《美国参议员是否应由大众选举》。另外，我又在一场演讲比赛中获胜，并因此成为班刊和校刊的总编辑。

从大学获得学士学位之后，我在克雷斯·格里的建议之下，去了南方，来到陌生的俄克拉荷马。我在这里申请到一块土地，并在俄克拉荷马的罗顿市开设了一家法律事务所。我在州参议院干了13年，又在州下议院干了4年。在50岁那年，我终于实现了自己一生中最大的愿望：从俄克拉荷马州被选入美国参议院。

我之所以讲这些往事，并不是在炫耀自己的成就，只是希望给那些正在遭受自卑感困扰年轻人增添一些勇气和自信心。想当初，在我穿着父亲的那身旧衣服，以及那双几乎要脱落的鞋子时，那种难以言表的烦恼、羞怯以及自卑，几乎毁了我。但最终，我坚持了下来。我相信，你们一定也行的。

第十三章

不做情绪的奴隶

驱除心中的阴霾

人的心理状态绝对重要，我们要尽一切可能享受生活的美好。所以，我一直努力地活着，把每一天都当作我生命中的第一天，同时也是最后一天。

耶鲁大学的费尔普教授逝世之前不久，我曾和他畅谈了一个下午。下面就是他驱除烦恼的五个方法，是我在那次会谈中记下来的。

（1）方法一

24岁时，我的视力突然变得很差。看书不到三四分钟，眼睛就有刺痛感，即使不看书，眼睛也十分干涩，甚至不敢面对有风的窗口。我向纽哈芬和纽约市最出色的眼科大夫求助，但收效甚微。每天下午4点以后，我只能坐在房间最暗的角落里，等着上床睡觉。我真的吓坏了，担心自己必须放弃教师职业，去西部当一名伐木工人。

接着，发生了一件很奇怪的事情，显示了人的精神对身体疾病的奇迹般的影响。

在那个悲惨的冬天，我的眼睛实在是差到了极点。有一天，我接受邀请，去为一个大学作演讲。当时，演讲厅的天花板上悬挂了许多大灯，强烈的灯光刺得我的眼睛疼痛难忍。当我坐在台下等待上台演讲时，只能被迫盯着地板。然而，在30分钟的演讲中，我完全忘记了疼痛，竟然还可以不眨眼地直接看那几盏灯。但在演讲结束之后，我的眼睛又开始疼痛了。当时我就想，如果我能专心致志地做某件事——不是短短的30分钟，而是一个星期的话，也许我就可以痊愈。很明显，心理上的兴奋最终战胜了身体上的不适。

后来，有一次乘船横渡大西洋时，我又经历了类似的事情。那一次，我的腰部突然痛得很厉害，甚至走不了路，如果我站直身子，更是痛到极点。正是在那种情况下，我应邀在甲板上做了一次演讲。当我开始演讲时，所有的疼痛都不见了，好像突然离开了我的身子一样。我站得笔直，完美地表达自己，一连讲了一个小时。演讲结束之后，我轻松地走回房间，竟以为自己的腰痛已经痊愈了。可惜那只是暂时性的，腰痛不久又来了。

这些经历使我深深领悟到，人的心理状态绝对重要，它们教导我，要尽一切可能享受生活的美好。所以，我现在都在努力地活着，把每一天都当作我生命中的第一天，同时也是最后一天。对于每天这种新奇而冒险的生活，我一直都很兴奋——一个能保持兴奋的人，一定能成为一个内心强大的人。我很喜欢教学工作，我还写了一本书《教学的乐趣》。我一直认为成功的最大因素就是“热情”。对我来说，教学不仅是一种职业，它更是一种爱好。我像画家喜爱绘画、像歌手喜爱唱歌一样喜爱着教学。我每天早上起床之前，只要想到我的学生，心里就充满了无限的喜悦。

（2）方法二

我发现自己可以通过一本吸引人的好书，将烦恼抛开。在59岁那年，我曾经历了相当长时间的精神崩溃。在那段日子里，我开始阅读大卫·威尔逊的伟大作品《克莱尔传》，这给了我极大的精神帮助，我读得十分专注，忘记了精神上的消沉。

（3）方法三

还有一次，我的情绪十分沮丧，因此我强迫自己必须每天做一次剧烈运动，比如每天早上都要打网球，然后洗澡，吃中午饭，接下来再打18洞的高尔夫球。每个星期五晚上，我会一直跳舞跳到凌晨1点。我强迫自己流了许多汗，结果发现沮丧和忧愁全都随汗水流走了。

（4）方法四

我在很早以前就知道如何避免匆忙，如何避免在紧张的心情下工作。我一直想学习韦伯·克洛斯的生活哲学。他担任康涅狄格州的州长时，曾对我说："我有时候会同时处理很多工作，那时我就会先坐下来，放松一会儿，抽根烟。在这一个小时之内，我什么事也不干。"

（5）方法五

我也知道，耐心和时间能解决我们的烦恼，当我为某件事烦恼时，我会从正确的角度来看待这些烦恼。我会告诉自己："两个月以后，我就不会再为这事烦恼了，所以现在又何必被它困扰呢？为什么我现在不采取两个月以后应有的那种态度呢？"

让时间冲淡一切

以下是陶勒丝·迪克斯的真实故事：

我曾经历过极其严峻的贫困和疾病，有人问我是如何挺过那些难关的。我总是回答说："既然已经过了昨天，今天也不会难熬，所以我不会让自己去猜想明天将发生什么事。"

我经常会以超乎自己的能力的劲头拼命地工作。回顾自己以前的生活，我觉得像是场战斗，它充满了破灭的梦想、破败的希望和残缺的幻想。在那场战斗中，我的获胜机会非常小，战斗结束后，我显得苍老了许多。然而，我没有为自己哀怜，更不会为过去的烦恼而哭泣，也不忌妒那些不曾遭遇这些苦难的幸运女人。因为我确实生活过了，而她们只是简单的存在；我已饮尽了生活的苦酒，而她们只是尝到上面的一层泡沫；我所经历的一些事，她们一辈子也不会理解，我经历过她们不曾经历过的事情——只有当泪水洗净了女人的眼睛，她们的视野才能开阔。

从这种困苦的经历中，我学到了一些宝贵的生活哲学，而这是那些生活在舒适环境中的女人永远学不到的。我学会了珍惜每一天，不会因为担心明天的到来而自寻烦恼。恐惧只会令人懦弱，我将恐惧感从自己身上驱除出去，因为经验告诉我，当恐惧来临时，我会自然而然地滋生勇气和智慧去战胜它。那些小小的不愉快不再对我有任何影响。经历过这种极度的不幸之后，如果看到仆人服侍不周，或者是厨师做坏了一锅汤，你也不会再恼怒了。

我已经学会不要对人期望太高，因此万一有朋友对我不忠，或是有人说我的坏话，我也不会介意，仍然乐于和他们交往。除此之外，我还学会了运用幽默，因为让我哭笑不得的事情实在是太多了。当一个女人遇到烦恼时，如果能保持平静，反而能变不利为有利，那么这个世界上再也不会有任何不幸可以伤害她的心了。

虽然遭遇过很多困难和艰苦，但我并不觉得遗憾，因为通过这些困难和艰苦，我可以彻底接触到生活的每一个层面，这值得我为之付出一切代价。

还有这样一个牧师威廉·沃德的真实经历：

多年以来，我因为患上了严重的胃病而觉得十分痛苦。我经常会在晚上痛醒两三次，以至于无法入睡。我曾见到我的父亲死于胃癌，因此担心自己也会患上胃癌——或者至少也是胃溃疡。

因此，我去了一家诊所接受检查。一位著名的胃科专家用X光检查了我的胃部，又给我开了一些药片，帮助我入睡。他还一再向我保证，我并没有得胃癌或胃溃疡，我的胃痛是由精神紧张所引起的。

他问我的第一个问题是："你的工作是不是十分紧张、忙碌？"

的确，我的工作太忙了。除了每个星期天主持教堂的各种活动之外，我还担任了红十字会主席、吉瓦尼斯俱乐部会长。同时我每周还要主持两三次葬礼，以及各种其他活动。

我经常会遭遇工作上的压力，永远都无法放松自己的心情。我总是紧张而匆忙地生活着，几乎到了凡事皆烦恼的地步，我一直生活在紧张不安之中，因此当然乐于接受医生的忠告。我开始在每个星期一都自动休假，同时减少一些社会工作及活动。

有一天，我在清理桌子时，突然产生了一个念头，结果证明这个念头极其有效。当时，我发现抽屉里堆了一大堆以前的旧笔记，以及一些已经过时的备忘录。我将它们全都拿出来，然后扔进了废纸篓里。突然，我停了下来，并对自己说："为什么你充满烦恼，而不能像对这些旧笔记一样呢？你为什么不将昨天的全部烦恼扔进废纸篓里呢？"

这个念头立刻在我身上起了作用——我顿时觉得肩头的重担已减轻了不少。从那天起，我已将它当成一项铁规则：把再也不能解决的所有问题，都扔进废纸篓里去。

接下来的一天，我太太在厨房洗盘子，我帮她擦干。我太太当时一边洗盘子，一边唱着歌。这时，我又产生了另外一个念头。我对自己说："瞧，你太太多么快乐。你们已结婚18年，而她洗盘子也洗了18年了。假如在结婚之前，看到堆积如山的要洗的盘子的话，一定会吓走任何一位女人。"

接着，我告诉自己："你太太之所以不认为洗盘子是件苦差事，那是因为她一次只洗当天所用的盘子。"我终于找到了自己的问题所在——我企图一次洗完今天和昨天所有的盘子，甚至连尚未使用过的盘子也想一次性洗完。

我发现我的行动实在是太傻了。每个星期天的早晨，我都会站在讲台上，告诉人们如何过有意义的生活，而自己却一味地紧张、匆忙和烦恼。我感到很惭愧。

从此以后，烦恼再也不来打扰我了，我的胃也不再痛了，而且不再失眠。我将昨天的烦恼全揉成一团，扔进废纸篓；同时，我开始停止尝试"今天清洗明天的盘子"的愚蠢行为。

你是否还记得这句话："明天的烦恼，加上昨天的烦恼，再与今天的麻烦合并起来，于是成了最沉重的负担。"

在平凡中寻找乐趣

以下是作家卡梅隆·西普的真实经历：

“我曾在加利福尼亚州的华纳兄弟影片公司宣传部愉快地工作了几年。我是个短文作家，为几家报纸和杂志撰写短文，报道华纳公司的明星动态。

“我曾在短期内获得升迁，被提拔为公司宣传部的副主任。紧接着，公司的工作重心有所改变，我被授予了一个更具诱惑力的头衔——行政助理。

“这个新的头衔使我拥有了一间大办公室、一台私人冰箱和两位秘书，并拥有绝对的权力去指挥75名撰稿人员、开发人员以及无线电人员。我自以为一路顺风，于是马上去买了一套新衣服。我开始试着以威严的口气说话，建立起档案制度，用权威的态度做出决定，吃饭也显得匆匆忙忙。

“我觉得华纳公司的整个公共关系政策全部都托付在我身上，我甚至还以为公司的一些大明星，如爱德华·鲁宾孙、贝蒂·戴维斯、詹姆斯·卡格尼……全都在我掌握之中。

“可惜好景不长，不到一个月，我就觉得自己得了胃溃疡，甚至可能还患了癌症。当时我的另一项主要工作，是任银幕宣传指导委员会的策划小组组长。我很喜欢这个工作，很高兴能在各种会议中和老朋友见面。但这些聚会后来却渐渐让我害怕起来，因为每次开完会之后，我总感到极其不舒服，必须在回家的半路上将汽车停在路边，好使自己轻松一下，才能继续开车。我似乎有许多工作要做，但时间却又很有限。这些工作都十分重要，我对自己无法愉快地胜任很是伤心。

“我生来为人诚实，我认为这是我一生中最大的痛苦，它让我总觉得精神负担很重，体重也逐渐减轻，开始失眠，经常觉得痛苦难忍。

“于是我去看了一位著名的内科大夫。大夫说话很少，他只让我告诉他哪里不舒服，以及从事什么工作，他似乎对我的工作比对我的病情更感兴趣。接连两个星期，他每天都会给我做各种各样的检查。最后，他通知我去见他，顺便告诉我检查的结果。

“‘西普先生，’他说着，同时向椅背上一靠，并递给我一支烟，‘我们已经做了各种检查。这些检查对你来说，是绝对必要的——虽然第一天为你做了大致的检查之后，我就知道你并没有患胃溃疡。不过我知道，就你的个性和目前所从事的工作而言，你是不会轻易相信我的，除非我能向你证明。那么，现在就让我来告诉你。’于是，他为我拿来各项检查图表以及X光片，为我详细地解释，最后告诉我，我并未患胃溃疡。

“‘听着，’大夫说，‘虽然这会花费你不少钱，但是很值。我替你开的药方是：不必烦恼。’

“我正想对他发火，但他制止了我，继续说道：‘注意听我说，我知道你无法立刻遵照这个药方去做，所以开了一些药丸帮助你。这些药丸你想服用多少就多少，尽管放心服用。吃完了，你再到我这儿来，我会再给你开一些。它们不会对你有害，但能使你经常保持轻松愉快。但你一定要记住：你并非一定要服用它不可。如果你能借此来免除烦恼，一切就都好办了。如果你又有了烦恼，那就必须回到我这儿来。那时，

我可又要向你收取一大笔治疗费了。你愿意吗？’

“我希望能告诉各位，这位医生的话在我身上应验了。我连续服用了好几个星期的药丸——每当我觉得烦恼时，就吃几颗药丸。可能它们确实有效，我立刻觉得好多了。

“他教会了我如何使自己保持轻松，但我认为，他真正的高明之处在于他并没有嘲笑我，也没有直接告诉我实际上没有什么好担心的，相反，他接纳了我，给我留了面子。他只给我一小盒药丸，但他那时早已知道——而我现在才知道——并不是那些令人发笑的小药丸治好了我的病，而是我改变了自己的心态。”